中国城市雾霾的
时空演进及影响因素研究

熊欢欢 ◎ 著

中国社会科学出版社

图书在版编目（CIP）数据

中国城市雾霾的时空演进及影响因素研究／熊欢欢著．—北京：中国社会科学出版社，2022.12

ISBN 978 - 7 - 5227 - 0615 - 3

Ⅰ.①中… Ⅱ.①熊… Ⅲ.①城市空气污染—影响因素—研究—中国 Ⅳ.①X51

中国版本图书馆 CIP 数据核字（2022）第 134694 号

出 版 人	赵剑英
责任编辑	黄 晗
责任校对	夏慧萍
责任印制	王 超

出 版	中国社会科学出版社
社 址	北京鼓楼西大街甲 158 号
邮 编	100720
网 址	http://www.csspw.cn
发 行 部	010 - 84083685
门 市 部	010 - 84029450
经 销	新华书店及其他书店

印 刷	北京君升印刷有限公司
装 订	廊坊市广阳区广增装订厂
版 次	2022 年 12 月第 1 版
印 次	2022 年 12 月第 1 次印刷

开 本	710×1000 1/16
印 张	13.75
插 页	2
字 数	211 千字
定 价	75.00 元

凡购买中国社会科学出版社图书，如有质量问题请与本社营销中心联系调换
电话:010 - 84083683

目　　录

第 一 章

引　言

本章旨在介绍本书的研究背景与意义，并阐述主要研究内容、研究方法与技术路线，在此基础上，提出拟解决的关键问题和主要创新点。

第一节　研究背景与意义

一　研究背景

改革开放以来，中国经济持续高速增长，即使在全球新冠肺炎疫情肆虐的背景下，2021 年中国国内生产总值（GDP）总量首次突破 110 万亿人民币，稳居世界第二位，经济发展获得了举世瞩目的巨大成功。但是伴随经济增长而来的还有资源过度消耗、环境污染严重等一系列问题，尤其是近年来中国城市空气质量问题尤为突出。《2021 年中国生态环境状况公报》[①] 显示，2021 年全国 339 个地级以上城市中，空气质量达标城市218 个，占比为 64.3%，有 35.7% 的城市空气质量超标，29.8% 的城市PM2.5 平均浓度超标，区域性重污染天气过程仍然时有发生，PM2.5 平均浓度为 $30\mu g/m^3$，仍高于世界卫生组织（WHO）建议的安全水平，对社会公众的生活、健康及生产活动造成了一定的影响。

与此同时，中国经济增速放缓，2012 年开始下降到了 8% 以下，并开始向高质量发展阶段转型。严重的雾霾天气频繁发生，尽管存在一部分

[①] 中华人民共和国生态环境部：《2021 中国环境状况公报》，https://www.mee.gov.cn/hj-zl/sthjzkb/zghjzkgb/202205/P020220608338202870777.pdf。

的自然因素，但更大程度上归结于粗放的经济发展方式、失衡的产业结构、过量的能源消耗等一系列社会经济发展的问题。因此，治理雾霾不仅仅是一项重大的民生工程，也是倒逼经济发展方式转变和经济结构优化调整的重要途径。① 雾霾问题归根结底还是经济问题。

近年来，党和政府已将环境治理工作提升到了前所未有的新高度。中国相继出台了一系列关于大气污染防治的法律法规与长效措施，从2012 年《重点区域大气污染防治"十二五"规划》到 2013 年《大气污染防治行动计划》，再到 2016 年新实施的《中华人民共和国大气污染防治法》，标志着中国政府对雾霾治理的重视和决心。但由于时间尚短，各地区雾霾污染和经济发展差异较大，雾霾污染仍然存在着治理不充分、区域不平衡的问题。2020 年中国在第七十五届联合国大会上向国际承诺将采取更加有力的政策和措施，力争 2030 年前实现碳达峰、2060 年前实现碳中和，再次向世界展示出中国坚定走绿色可持续发展道路的决心。2021 年 9 月，生态环境部指出"十四五"时期中国将坚持"减污降碳协同增效"，聚焦"重污染天气消除攻坚战"推动大气污染和温室气体协同减排。因此，加快转变经济发展方式，以生态文明理念引领绿色发展成为经济社会健康发展的必然选择。

在此背景下，从根源上识别和探究雾霾的影响因素，并提出有针对性和区域差异化的治理对策具有十分重大的理论和现实意义，不仅为区域雾霾联防联控和政策制定提供科学依据，还有助于促进对经济增长方式的反思，为中国推进绿色发展和生态文明建设提供有效的参考。

本书以中国 225 个地级及以上城市为研究对象，从时间和空间两个维度分析中国城市雾霾的差异问题与动态演进，为区域雾霾联防联控治理和政策制定提供科学依据和有效参考；并构建了"驱动力—压力—状态—响应"DPSR 理论框架，深层次探讨社会经济因素对雾霾污染的影响机理，发现这些因素对雾霾污染存在空间溢出效应以及非线性的影响。为了探索社会经济发展与城市雾霾的空间关系，本书结合 STIRPAT 模型和 EKC 假说建

---

① 邵帅、李欣、曹建华等：《中国雾霾污染治理的经济政策选择——基于空间溢出效应的视角》，《经济研究》2016 年第 9 期。

立了空间面板杜宾模型，对雾霾的关键因素进行实证检验；为了进一步分析社会经济因素对雾霾的非线性影响，建立了包含平滑转移机制的空间面板模型，深入分析在空间作用的冲击下，中国社会经济发展与雾霾污染的非线性效应，以期较科学、全面地把握中国城市雾霾的时空特征和规律，探寻雾霾污染的经济根源与关键因素，为中国早日实现"减污降碳协同增效"提供政策建议，为应对全球气候变化、促进全球可持续发展贡献中国方案。

二 研究意义

（一）理论意义

第一，相较于之前学者主要从环境、气象和生态科学的角度对雾霾问题进行研究，本书拟从经济学的视角考察雾霾污染的形成根源。依据"格局—过程—机理—调控"的研究范式，构建了"驱动力—压力—状态—响应"的理论模型框架，并在该框架下，深入分析了社会经济因素对雾霾污染的影响机理，为雾霾的治理提供了理论依据。

第二，目前空间面板平滑转移回归模型的理论研究还处于起步阶段。尽管少量研究对非线性空间面板模型进行了有益的扩展，但却往往只讨论了空间自回归模型，对更加复杂的既有空间自回归又有空间误差的非线性平滑转移模型的研究还非常少见。本书研究了具有个体效应的三类空间面板非线性模型：空间自回归面板平滑转移模型（SAR-STAR）、空间误差面板平滑转移模型（SEM-STAR）和既有空间自回归又有空间误差的面板平滑转移模型（ARAR-STAR）的设定与参数估计，不但拓展了现有空间面板非线性模型的形式，有助于同时探索既具有非线性特征，又具有空间关联属性的经济数据，从而更好地呈现变量之间错综复杂的动态过程及机制变化，而且为雾霾污染与经济增长空间非线性关系的研究提供了方法和技术上的支持。

（二）现实意义

第一，大多数学者以单个城市、省域或城市群作为研究样本，无法进行全面有效的研究。本书以中国225个地级及以上城市为研究样本，以东部、中部、西部、东北四大区域为视角，从区域差异角度对中国雾霾污染进行定量测算，剖析和揭示中国雾霾污染的区域差异与动态演变过程，为区域雾霾联防联控治理和差异化政策制定提供科学依据和有效参考。

第二，研究雾霾的影响因素，有助于从根源上识别和研究雾霾的产生原因与关键因素，进一步提出针对性的治理对策，有助于协调中国空气质量与经济增长的关系，推动"两山理论"转化的实践，为区域经济发展和环境保护方面提供科学依据和政策建议，对于促进中国新时代经济转型升级，推进绿色发展和生态文明建设，具有极为重要的实践指导意义。

第二节 研究内容与方法路线

一 研究内容

本书以中国 225 个地级及以上城市为研究对象（因数据缺失，不包括西藏、香港、澳门和台湾），首先在梳理和总结国内外研究现状及趋势的基础上，从时间分布和空间分异的视角研究了中国城市雾霾的时空特征，并且从区域差异角度对中国雾霾污染进行定量测算，剖析和揭示中国雾霾污染的区域差异与动态演变过程；其次，从经济学的视角考察雾霾污染的形成根源，剖析社会经济因素对雾霾污染的影响机理，并在此基础上，结合环境库兹涅茨曲线假说，研究了中国城市发展与雾霾污染的空间效应；再次，通过建立包含平滑转移机制的空间面板模型，分析在空间作用的冲击下社会经济因素对城市雾霾的非线性效应；最后在前文研究分析的基础上，结合国外发达国家成功治理雾霾的经验，提出了适合中国城市雾霾治理与社会经济协调发展的对策。具体研究内容如下：

第一章是引言。阐明本书的研究背景和意义，阐述本书的研究内容与研究方法，并制定了具体的技术路线，最后提出本书拟解决的主要关键问题和创新之处。

第二章是文献综述与理论基础。首先介绍雾霾和经济增长等相关概念，并运用 Citespace 软件对国内外该领域的研究进展进行可视化分析，接着阐述本书的理论基础，进一步构建了本书的理论分析框架，并深入分析了社会经济因素对雾霾污染的影响机理，最后提出了研究假设。

第三章是中国城市雾霾的时间演进分析。即从时间维度上考察中国整体及各地区雾霾的变化规律。具体包括：基于 1998—2016 年遥感反演

PM2.5 数据，分析中国整体及各地区城市雾霾的年际变化特征；利用分类统计与线性拟合方法分析中国整体及各地区城市雾霾时序分布的差异与规律；并借助 Kernel 密度估计法分析中国及各地区城市雾霾时序上的动态演进趋势。此外，为了弥补遥感反演数据无法反映更高时间分辨率的缺陷，搜集并整理 2014 年中国 190 个城市的 945 个检测点的 PM2.5 浓度监测值，更精细地分析中国城市 PM2.5 浓度的日度、月度和季度变化规律。

第四章是中国城市雾霾的空间演进分析。借助 ArcGIS 软件，运用探索性空间数据分析研究中国及各地区城市雾霾的空间相关性和集聚特征，以及空间变化规律；并进一步采用 Dagum 基尼系数及其分解方法分析中国城市雾霾空间分布的地区差异及来源；最后借助标准差椭圆方法刻画中国城市雾霾的空间格局变化，包括分布重心和分布范围的演变。

第五章是基于空间视角下中国城市发展与雾霾关系的分析。基于经济增长对雾霾污染的影响机理分析，利用环境库兹涅茨曲线（EKC）假说实证检验中国雾霾污染的影响因素。此外，考虑到雾霾的形成既有本地的产生物，也有来自外地的漂移物，即雾霾污染具有很强的空间溢出性。由此，构建一个空间面板回归模型，从空间计量经济学角度对雾霾污染的溢出效应进行研究，深入分析影响中国雾霾污染的主要因素。着重研究在空间视角下，社会经济发展对中国城市雾霾的影响，并将这种影响分为直接效应和间接效应，以深刻理解城市间雾霾的流动性及与经济增长的作用机制。

第六章是基于门槛效应的中国城市雾霾影响因素分析。考虑到环境库兹涅茨曲线非线性项和空间关联的存在，社会经济因素对雾霾的影响并非是简单的线性关系。由此引入一个内生性的空间面板平滑转移函数来刻画经济增长与空间作用等外部因素对城市雾霾影响的非线性空间特征，进一步可以估计在空间作用下不同的社会经济因素对城市雾霾的非线性门槛效应，从而更加准确地识别雾霾的影响因素及影响方向与程度。

第七章是中国城市雾霾治理与社会经济协调发展对策。由于雾霾的溢出效益，中央政府在协调社会经济发展与雾霾治理的矛盾时，需要一定程度的统筹规划从而实现区域间的联防联控。本章在明晰城市雾霾影响因素的基础上，结合国外发达国家成功治理雾霾的经验，提出了适合中国雾霾治理的协调对策和优化建议，以期为经济发展方式转型、产业结构优化升级、实现经济和社会的可持续发展提供参考。

第八章是结论与展望。对本书进行了概括性总结，指出了本研究的不足，并提出展望。

二 研究方法

城市雾霾的时空演进及影响因素研究是一项较复杂的科学研究，涉及经济学、环境学、地理学和统计学等诸多学科，具体涉及以下方法。

一是文献研究与知识图谱法。通过分析、归纳和总结国内外相关研究成果和文献资料，可以了解该领域的研究进展；在此基础上，运用知识图谱方法对文献进行整体和多维度的可视化分析，包括文献分布、作者发文、研究机构、研究主题和热点趋势，从而更好地梳理国内外研究现状，跟踪其前沿热点，发掘并把握该领域的发展态势及其潜力。

二是统计分析方法。运用分类统计与线性拟合方法分析中国城市雾霾时序分布的差异与规律；采用 Dagum 基尼系数及其分解方法分析中国城市雾霾空间分布的地区差异与来源；利用 GIS 可视化方法探索 PM2.5 浓度的空间变化与规律；借助 Kernel 密度估计法和标准差椭圆方法刻画中国城市雾霾时间和空间上的动态演进趋势。

三是空间计量经济学方法。运用探索性空间数据分析研究中国城市雾霾的空间集聚特征以及空间变化规律；运用空间面板回归模型（SAR、SEM 和 SDM 模型）分析中国城市雾霾污染的影响因素；利用空间杜宾模型（SDM），从直接效应和间接效应的角度，深入分析了中国城市发展与雾霾污染的空间效应；利用拟极大似然法和马尔科夫链蒙特卡洛（MC-MC）法估计了三类空间面板非线性模型中的参数，并通过蒙特卡洛模拟来评估参数估计的准确性，进一步利用空间平滑转移面板模型（STAR）刻画在空间作用下社会经济发展因素对雾霾的非线性影响。

四是比较分析法和经验借鉴法。从区域差异的角度对中国城市雾霾污染进行定量测算，剖析中国整体及东部、中部、西部及东北地区城市雾霾的时空差异与动态演进，以揭示中国雾霾污染的区域差异问题与动态演变过程；选取国外发达国家成功治理雾霾的案例进行分析和总结，提炼雾霾治理的成功经验，为中国雾霾治理制定政策提供有效的参考与借鉴。

三 技术路线

为了落实以上研究内容，本书制定如下的技术路线，见图1.1。

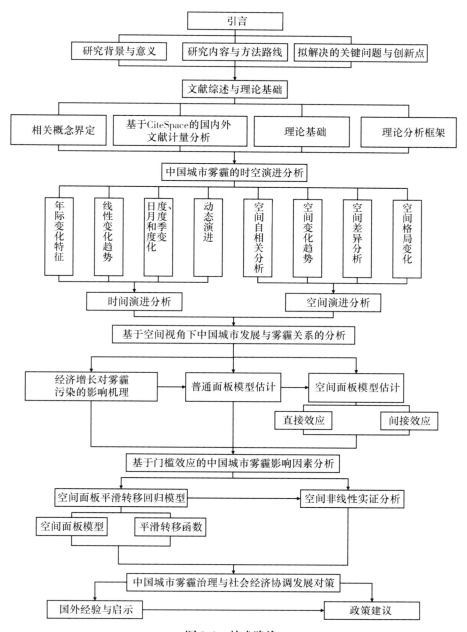

图1.1 技术路线

第三节　拟解决的关键问题和创新点

一　拟解决的关键问题

一是尝试从经济学的视角考察雾霾污染的形成根源，建立一个理论分析框架，深入分析社会经济因素对雾霾污染的影响机理，这是本书拟解决的一大关键问题。

二是尝试研究在空间因素的作用下，社会经济因素对雾霾污染的空间非线性影响。目前众多学者采用空间自回归模型、空间误差模型、空间杜宾模型等空间计量方法研究雾霾的社会经济驱动因素，并取得了一些有益的成果，但却忽略了数据中可能存在的非线性特征，导致线性模型可能存在着模型误设的问题。事实上，社会经济因素与雾霾污染之间并非是简单的线性关系。显然，没有考虑到非线性变换的空间计量分析难以探究其动态过程及机制变化。本书拟在考虑雾霾的空间依赖和非线性特征的基础上，构建一个内生性的空间面板平滑转移回归模型，来刻画空间作用下社会经济因素对雾霾的非线性影响，并深入研究中国不同城市发展差异对两者关系的影响，从而更准确地识别影响雾霾污染的关键因素，这是本书试图解决的另一关键问题。

二　主要创新点

（一）构建了"驱动力—压力—状态—响应"的 DPSR 理论模型框架，并深入分析了社会经济因素对雾霾污染的影响机理

本书从经济学的视角考察雾霾污染的形成根源，依据"格局—过程—机理—调控"的研究范式，构建了"驱动力—压力—状态—响应"的 DPSR 理论模型框架；并在该框架下，深入分析了社会经济因素对雾霾污染的影响机理，这是本书的一个创新之处。

（二）构建了一个内生性的空间面板平滑转移回归模型（ARAR-STAR），来刻画空间作用的冲击下社会经济因素对雾霾的非线性影响

目前，空间面板平滑转移回归模型的理论研究还处于起步阶段。尽管少量研究对非线性空间面板模型进行了有益的扩展，但却往往只讨论

了空间自回归模型，对更加复杂的既有空间自回归又有空间误差的非线性平滑转移模型的研究还非常少见。本书不仅探究了空间自回归、空间误差以及既有空间自回归又有空间误差的三类面板平滑转移回归模型的设定和参数估计问题，还使用蒙特卡洛模拟的方法评估了拟极大似然法和马尔科夫链蒙特卡洛（MCMC）法估计参数的准确性，并比较了不同估计方法的优劣。本书的研究拓展了现有空间面板非线性模型的形式，也为空间非线性模型的应用研究提供了理论依据。

进一步地，本书将构建的空间面板平滑转移回归模型用于考察在空间作用下社会经济因素对雾霾的非线性影响，从而深入研究中国不同城市发展差异对两者关系的影响，更准确地识别影响雾霾污染的关键因素，对科学和全面把握中国雾霾的时变特征和规律具有重要意义，也为政府出台有效的联防联控的协调对策提供理论和实践上的支持。这是本书的另一创新之处。

（三）从区域差异角度对中国雾霾污染进行定量测算，剖析其时空差异与动态演进，并依此提出差异化的雾霾减排政策

中国幅员辽阔，各地区在自然环境条件、经济基础、能源消耗和资源禀赋等方面存在极大差异，雾霾污染的程度也相去甚远。根据对以往文献的搜集整理发现，大部分学者是以雾霾污染较为严重的单个城市、省份或城市群作为研究样本，而从区域差异角度对中国雾霾污染进行定量测算，剖析其时空差异与动态演进的研究比较少见。本书以东部、中部、西部、东北四大区域为视角，全面揭示了中国城市雾霾的时空差异与动态演进过程，并以此为基础，提出差异化的雾霾减排政策。这是本书的又一创新之处。

第四节　本章小结

本章首先阐述了研究背景、理论意义和现实意义，接着简单介绍了本书的主要研究内容与研究方法，并制定了具体的技术路线，最后指出了本书拟解决的主要关键问题和创新之处。

第 二 章

文献综述与理论基础

　　本章首先介绍雾霾和经济增长等相关概念，并运用 Citespace 软件对国内外该领域的研究进展进行可视化分析，然后阐述本书的理论基础，进一步构建了本书的理论分析框架，并深入分析了社会经济因素对雾霾污染的影响机理，最后提出了研究假设，为后文的实证检验做好理论支撑。

第一节　相关概念界定

一　雾霾的定义

　　雾霾，是一种常见于城市，由人类活动和特定气候条件相互作用形成的结果。雾霾，即雾和霾的组合。气象科学领域中，对雾和霾主要是依据水平能见度和环境相对湿度来进行区分的。雾的定义是"大量微小水滴浮游空中，常呈乳白色，水平能见度小于 1.0 千米"①，通常形成于清晨。由于雾天是空气中湿度急剧升高所形成的现象，因此日出后随着气温的升高雾会逐渐消散。霾的定义是"大量极细微的干尘粒等均匀地浮游在空中，使水平能见度小于 10.0 千米的空气普遍浑浊现象"②，一般呈现黄色或橙灰色。由于细颗粒物在空气中分布均匀，一天之内霾的变化随气温的变化并不明显，持续时间较长。

---

① 中国气象局：《地面气象观测规范》，气象出版社 2003 年版。
② 中国气象局：《霾的观测和预报等级》，https：//www.waizi.org.cn/bz/74285.html。

目前，国内外常用相对湿度来界定雾与霾，相对湿度大于90%是雾，低于90%是霾。① 在自然界，雾和霾是可以相互转化的。当相对湿度增加超过100%时，例如辐射降温过程，霾粒子吸附析出的液态水成为雾滴，而相对湿度降低时，雾滴脱水后霾粒子又悬浮在大气中。② 尽管雾的形成会导致大气能见度降低，但是其组成成分并不会导致空气污染问题。而霾的组成成分有毒有害，在空气中的持续时间较长，一旦形成将会长时间影响该地区的空气质量。"雾"和"霾"的主要特征对比见表2.1。近些年来，由于空气质量的恶化，霾天气逐渐增多，因此不少地区将"霾"并入"雾"一起作为灾害性天气现象进行预警预报，统称为"雾霾天气"。

表2.1　　　　　　　　　　　雾和霾特征对照③

天气现象	雾	霾
能见度	<1 千米	<10 千米
成分	微小水滴、冰晶	颗粒物
颗粒尺度	1—100 微米（肉眼可见）	0.001—10 微米（肉眼不可见）
边界	清晰，雾层中能见度起伏明显	不清晰，霾层中能见度均匀
颜色	乳白色、青白色	黄色、橙灰色
持续时间	形成于清晨，持续时间较短	一天之内变化不明显，持续时间长
相对湿度	>90%（饱和）	<90%（不饱和）

雾霾是大气中各种悬浮颗粒物聚集而导致的区域污染现象。雾霾中的悬浮颗粒物的主要组成部分是二氧化硫、氮氧化物以及可吸入颗粒物，其中可吸入颗粒物是加重雾霾天气污染的元凶。可吸入颗粒物通常用颗粒物直径的范围来表示，如PM10是指空气动力学当量直径小于或等于10微米的颗粒物，这部分颗粒物可进入人体的鼻腔和口腔，通过呼吸过

① 吴兑：《霾与雾的识别和资料分析处理》，《环境化学》2008年第3期。
② 张小曳、孙俊英、王亚强等：《我国雾霾成因及其治理的思考》，《科学通报》2013年第13期。
③ 依据文献和资料整理而得。

程危害人体健康。PM10 来源于直接排放于大气中的污染气体，如化石能源燃烧、工业粉尘、化工原料挥发等。PM2.5 指是的空气动力学当量直径小于或等于2.5 微米的颗粒物，是造成雾霾污染、对人类健康威胁最严重的一类大气污染物，由于其体积小，重量轻，活动性强，可直接通过呼吸道进入人体的肺泡中，且易附带有毒有害物质，不仅严重降低了大气能见度和空气质量，更对人体健康造成巨大的危害。此外，PM2.5 在大气中滞留时间较长，难以降解，能够被大气环流远距离输送，从而造成更大范围的污染。因此，作为导致雾霾天气的"罪魁祸首"，在国内媒体的报道中，PM2.5 几乎成了雾霾的代名词。

依据国内外学者的研究发现，雾霾现象是自然因素和人为因素相互作用的结果。其中，自然因素中的气象因素在雾霾的形成中扮演了重要的角色，主要包括相对湿度、气温、风速、风向、气压、降水量等。[1][2][3]在气象因素的影响下，雾霾的出现与消失常常具有一定的规律性。同时，地形条件[4]、海拔高度[5]、气候变化[6]、植被覆盖[7]等环境因素也常常影响着一个地区雾霾污染的集聚和扩散。

人为因素指的是与人类活动有关的社会经济因素，主要包括经济增

---

[1] Li L., Qian J., Ou C. Q., et al., "Spatial and Temporal Analysis of Air Pollution Index and Its Timescale-dependent Relationship with Meteorological Factors in Guangzhou, China, 2001 – 2011", *Environmental Pollution*, No. 190, 2014.

[2] Zhang Z., Zhang X., Gong D., et al., "Evolution of Surface O_3 and PM2.5 Concentrations and Their Relationships with Meteorological Conditions over the Last Decade in Beijing", *Atmospheric Environment*, No. 108, 2015.

[3] Wang X., Wang K. and Su L., "Contribution of Atmospheric Diffusion Conditions to the Recent Improvement in Air Quality in China", *Scientific Reports*, No. 6, 2016.

[4] 董群、赵普生、王迎春等：《北京山谷风环流特征分析及其对 PM2.5 浓度的影响》，《环境科学》2017 年第 6 期。

[5] Alvarez H. B., Sosa Echeverria R., Alvarez P. S., et al., "Air Quality Standards for Particulate Matter (PM) at High Altitude Cities", *Environmental Pollution*, Vol. 173, 2013.

[6] Ramanathan V. and Feng Y., "Air Pollution, Greenhouse Gases and Climate Change: Global and Regional Perspectives", *Atmospheric Environment*, Vol. 43, No. 1, 2009.

[7] King K. L., Johnson S., Kheirbek I., et al., "Differences in Magnitude and Spatial Distribution of Urban Forest Pollution Deposition Rates, Air Pollution Emissions, and Ambient Neighborhood Air Quality in New York City", *Landscape and Urban Planning*, No. 128, 2014.

长、人口密度、产业结构、能源消耗、对外开放等。①② 其中，社会经济因素是导致雾霾天气频发的深层次原因。即雾霾污染归根结底还是经济问题。因此，本书拟从经济学的视角，研究影响雾霾污染的社会经济因素，从根源上识别和研究雾霾的产生原因，并进一步提出针对性的治理对策，从而协调中国空气质量与经济增长的关系，促进中国新常态下经济发展方式转型、产业结构优化升级，实现经济和社会的可持续发展。

二　雾霾的特征

1. 存在明显的时空差异

从时间上来看，雾霾多发生于秋冬季节，春夏季则发生频率较少，其原因主要与温度、湿度、风速、气压等的大小有关。气象专家分析，在秋冬季节，由于气温通常较低，地面气压场较弱，近地面风力较小，如果没有冷空气活动，大气层结就会比较稳定，导致近地面存在逆温层，将不利于污染物的稀释以及扩散，这个时候如果湿度比较大，就易于形成雾霾天气。从空间上来看，雾霾天气主要集中于能源产出地、重工业聚集的城市规模较大的地区。依据《2013 中国环境状况公报》的监测结果来看③，全国 31 个省份中多达 20 个省份雾霾污染严重，中东部以及偏北部地区尤为突出，其中，京津冀和珠三角区域所有城市 PM2.5 均未达标，长三角区域仅舟山一个城市达标，其他城市均超标。

2. 具有显著的空间溢出效应

由于雾霾污染不是某一个局部的环境问题，而是会通过空气环流、气象条件等自然因素以及产业转移、工业集聚、交通流动等经济机制扩散或者转移到周边地区，即存在显著的空间溢出效应。中国学者通过空

---

①　邵帅、李欣、曹建华等：《中国雾霾污染治理的经济政策选择——基于空间溢出效应的视角》，《经济研究》2016 年第 9 期。

②　马丽梅、张晓：《中国雾霾污染的空间效应及经济、能源结构影响》，《中国工业经济》2014 年第 4 期。

③　中华人民共和国生态环境部：《2013 中国环境状况公报》，http://www.mee.gov.cn/xxgk2018/xxgk/xxgk15/201912/t20191231_754083.html。

间面板回归模型不但检验出雾霾污染的溢出性，还发现当邻近地区
PM2.5 浓度升高 1% 时，将导致本地区 PM2.5 浓度升高 0.739%。[①] 因此，
在治理中国各城市的雾霾污染时，必须要充分考虑到雾霾的空间扩散性
和空间溢出性，建立好区域的联防联控机制。

3. 变化趋势与经济活动的区域分布密切相关

近年来，中国东部以及南部经济和工业较为发达的地区年平均霾日
数存在较为明显的增加，究其原因主要是经济发展和城市化进程加速了
环境的恶化，进一步加剧了大气污染。而中国东北和中西部经济和工业
水平相对滞后的地区年平均霾日数则有显著减少的趋势，主要原因在于
近年来工业结构的转型和环境治理的改善。吴兑等（2010）通过研究
1951—2005 年中国雾霾的时空变化，也得出了相似的结论：在经济较为
发达的中国东部和南部地区，雾霾天数具有增加趋势，而在经济相对滞
后的东北和西北部，雾霾日则出现减少趋势。[②]

4. 危害大，造成的损失严重

雾霾作为一种大气污染，对整个社会产生的影响不容小觑。雾霾的
主要危害成分 PM2.5 的粒径小，表面积大，活性强，容易成为其他有毒
有害成分的载体，而且在大气中的停留时间长、难以降解。PM2.5 一旦
被吸入人体，能够深入肺部和周围的血液，甚至有可能进入全身各项器
官，引发炎症并危害心血管系统。有研究表明，人们长期处于雾霾环境
中，患心脑血管、呼吸系统等疾病的风险会大幅增加。[③④] 如果人体长期
暴露于 PM2.5 含量高的地区，罹患癌症的风险也会上升。[⑤] 国际癌症机构

---

① 马丽梅、张晓：《中国雾霾污染的空间效应及经济、能源结构影响》，《中国工业经济》
2014 年第 4 期。

② 吴兑、吴晓京、李菲等：《1951—2005 年中国大陆霾的时空变化》，《气象学报》2010
年第 5 期。

③ Tecer L. H., Alagha O. and Karaca F., "Particulate Matter（PM2.5，PM10 - 2.5，and
PM10）and Children's Hospital Admissions for Asthma and Respiratory Diseases: A Bidirectional Case-
crossover Study", *Journal of Toxicology and Environmental Health（Part A）*, Vol. 71, No. 8, 2008.

④ Santibañez D. A., Ibarra S. and Matus P., "A Five-year Study of Particulate Matter
（PM2.5）and Cerebrovascular Diseases", *Environmental Pollution*, No. 8, 2008.

⑤ 王泓、周园、杨元建等：《PM2.5 致卵巢癌的风险及城乡差异的生态学研究》，《中国环
境科学》2019 年第 1 期。

（IARC）甚至将 PM2.5 定为致癌物。① PM2.5 还可以通过损害人体免疫系统提高暴露人群的死亡率。② 此外，雾霾对生态环境的影响也不容忽视。雾霾的形成使空气质量显著降低，阳光被雾霾遮挡，导致植物不能进行正常的光合作用，生长发育缓慢，农作物减产。③ 动物吸入雾霾中的有毒有害物质，正常的生长发育进程受阻，进而导致生态平衡遭到严重破坏。

除了对人体健康和生态环境产生严重的危害，城市雾霾频发还会妨碍经济社会的健康发展。由于雾霾颗粒物质难以降解，雾霾天气能见度低且滞留时间长，严重影响人们的视线，容易造成交通堵塞和交通事故，影响公共交通的正常运行。雾霾污染严重的城市，其城市吸引力将会显著降低，人力资本可能向空气质量更好的城市迁移，限制了城市规模报酬递增效应和集聚效应，同时，也破坏了人力资本积累，进一步严重影响地区经济的良性发展。④ 更严重的是，雾霾污染还造成了巨大的经济损失。以 2013 年 1 月雾霾首次大面积在全国爆发事件为例，超过 800 万人口受到影响，其造成的直接经济损失保守估计值为 230 亿元⑤，约占当年 GDP 的 4%。由此可见，雾霾是制约中国经济可持续发展的绊脚石，治理雾霾刻不容缓。

三 经济增长的定义

一般来说，经济增长指的是一个国家或地区经济总量的持续增加。

① Pope C. A., Burnett R. T., Thun M. J., et al., "Lung Cancer, Cardiopulmonary Mortality, and Long-term Exposure to Fine Particulate Air Pollution", *JAMA*, Vol. 287, No. 9, 2002.

② Pope C. A., Brook R. D., Burnett R. T., et al., "How is Cardiovascular Disease Mortality risk Affected by Duration and Intensity of Fine Particulate Matter Exposure? An Integration of the Epidemiologic Evidence", *Air Quality Atmosphere & Health*, Vol. 4, No. 1, 2011.

③ Yifan Li, Yujie Wang, Bin Wang, et al., "The Response of Plant Photosynthesis and Stomatal Conductance to Fine Particulate Matter (PM2.5) based on Leaf Factors Analyzing", *Journal of Plant Biology*, Vol. 62, No. 2, 2019.

④ 陈诗一、陈登科：《雾霾污染、政府治理与经济高质量发展》，《经济研究》2018 年第 2 期。

⑤ 穆泉、张世秋：《2013 年 1 月中国大面积雾霾事件直接社会经济损失评估》，《中国环境科学》2013 年第 11 期。

库兹涅茨提出经济增长是指人均或每个劳动者平均产量的持续增长。[①]
《新帕尔格雷夫经济学大辞典》对经济增长的定义是"以固定价格计算的
人均国民收入的某种度量的变化率，最广泛采用的指标是人均国内生产
总值的增长率"。[②]刘易斯认为经济增长是人均产出的持续增长，能够得
到更多的产品和劳务。[③]总体来看，依据现代经济学的理论，经济增长指
的是一个国家或地区由商品和劳务的增加相结合的生产能力的提高，在
国际上通常把国民生产总值增长率和国民收入增长率作为经济增长的衡
量指标。[④]

经济增长是专业分工、技术进步、产业创新、劳动力素质提升、经
济结构优化的基础，反映和体现了生产能力的提高和财富的增长。总体
而言，经济增长是由资本、劳动力、技术、知识、资源配置、制度创新、
企业家精神等众多综合因素共同推动的。[⑤]

改革开放四十余年来，中国经济发展一路高歌猛进，创造了举世公
认的经济增长奇迹。但值得注意的是，一方面，由于中国各地区自然禀
赋、交通区位、政策扶持力度等不一致，地区经济增长不平衡现象依旧
突出，不同地区之间经济发展水平和经济增长速度存在巨大差异；另一
方面，由于中国长期以来累积的生态环境问题和新生的环境问题叠加，
严重超越资源承载力和环境容量，大量的环境问题爆炸式出现，尤其以
雾霾污染为典型。因此，实现经济稳定和可持续增长，必须要平衡好经
济增长与环境质量问题，推动发展的立足点需要兼顾质量与效益。

第二节　基于 Citespace 的国内外文献计量分析

信息技术与文献计量学的发展，为可视化软件的产生提供了基础。

---

①　[美]库兹涅茨：《各国的经济增长》，常勋译等译，商务印书馆 1985 年版。
②　[英]约翰伊特韦尔、[美]默里米尔盖特、[美]彼得纽曼：《新帕尔格雷夫经济学大
辞典》，陈岱孙等译，经济科学出版社 1996 年版。
③　[英]阿瑟·刘易斯：《经济增长理论》，周师铭等译，商务印书馆 2002 年版。
④　余少谦：《宏观经济分析》，中国经济出版社 2004 年版。
⑤　叶飞文：《要素投入与中国经济增长》，北京大学出版社 2004 年版。

本章使用 CiteSpace 5.1 RO 作为主要计量和可视化工具。CiteSpace 基于 Java 平台，被广泛运用于分析多元、动态的复杂网络。[①] 由于雾霾问题本质上是经济问题，研究雾霾的社会经济影响因素是为了探究经济增长与社会发展如何影响雾霾污染，并从经济学的角度提出治理对策。基于此，本书通过知识图谱方法对国内外有关"雾霾"与"社会经济"关系的研究进行整体和多维度的可视化分析，对国内外文献的研究现状和热点趋势进行梳理，有利于了解该领域的研究现状，跟踪其前沿热点，发掘并把握该领域的发展态势及其潜力，进一步为中国的雾霾治理提供有效的借鉴与参考，具有十分重要的理论与现实意义。

一　国外文献计量分析

为了探究雾霾与社会经济关系的国际研究现状，在 Web of Science 核心合集数据库（简称"WoS"）中，以检索式：TS（主题）= [（Economic OR Economy OR Socio economic OR Social economy）AND（PM2.5 OR PM10 OR haze OR smog OR air pollution）] 检索相关文献。由于雾霾现象在国内是近些年才发生的，并且通过检索发现，国内对该主题展开的研究在 1999 年只有 8 篇，2000 年仅 6 篇，所以为了保持国内外数据统一，一致选取 1999—2019 年开始的数据，文献类型选择纯科学文献、会议论文和社论材料，共得到 7412 篇文献数据。后期运用 CiteSpace 的 Remove Duplicates 功能，对重复文献过滤，最终得到 7039 篇有效记录。

（一）文献量分析：研究成果较为丰富，未来仍将保持高速增长

文献信息量能够在一定程度上反映某领域的热度高低和研究历程，是科学文献计量研究的重要环节。根据 WoS 的统计结果，利用 Excel 制图，绘制出该领域的文献时间分布图（见图 2.1），以便直观了解国际上相关文献的时间分布与增长情况。

---

① 熊欢欢、邓文涛：《基于 CiteSpace 的雾霾与经济增长关联研究的统计分析》，《统计与决策》2018 年第 12 期。

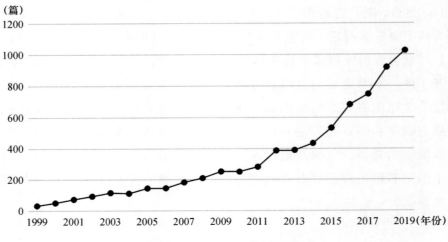

图 2.1 国外文献时间分布

从图 2.1 中可看出，国际上雾霾与社会经济关系的研究文献整体上呈较快的增长态势，大致可以分为以下三个阶段。①阶段一（1999—2011年）：该阶段文献数量较少，每年文献量的增速较小且大致持平，说明国际上该领域的研究起步很早，但研究进展比较缓慢。②阶段二（2011—2014年）：这一阶段发文量较前一阶段有小幅增长，主要原因在于从2011年开始，美国大使馆持续播报 PM2.5 的行为引起了社会的广泛关注。③阶段三（2014—2019年）：该阶段文献量呈逐步增加的态势，且增长速度逐渐加快，表明雾霾与社会经济之间的关系得到了学者的高度关注，并对其进行了大量的研究，取得了较多的研究成果。

根据文献逻辑增长曲线的四个阶段可知①，雾霾与社会经济关系的研究目前处于 t_1—t_2 时间段（快速发展阶段），此阶段该领域的研究成果较为丰富，并且预测未来几年文献量仍将保持高速增长的态势。

（二）作者分析：初步形成一批高产作者与合作群

通过对作者发文量进行分析，可以了解作者的科研能力与水平，对雾霾与社会经济关系研究领域的作者发文量进行计量分析，可以得到该

① 邱均平：《信息计量学》，武汉大学出版社 2007 年版。

领域的国际高产作者群,① 见表 2.2。

表 2.2　　　　　　　　高产作者（发文数量前 20 位）统计

发文量（篇）	姓名	第一篇论文发表年份	发文量（篇）	姓名	第一篇论文发表年份
38	Huang GH	2003	16	Zhao Y	2015
37	Zhang Q	2011	16	Wang SX	2013
31	Wang Y	2007	15	Zhou Y	2010
28	Li Y	2006	14	Guan DB	2014
25	Liu Y	2010	14	He KB	2013
23	Wang J	2007	14	Streets DG	1999
22	Hao Y	2015	13	Li YP	2008
22	Zhang Y	2011	13	Zhang W	2013
19	Li J	2007	13	Zhang X	2013
17	Zhang L	2013	13	Zhang B	2009

经统计发现，国际上雾霾与社会经济关系的研究领域中，发文最多的学者共发表 38 篇文章。为了确定高产作者的数量，本文参考借鉴了国际著名的普赖斯定律计算公式（2.1）：

$$M = 0.749 * (N_{max})^{1/2} \qquad (2.1)$$

式（2.1）中，M 为论文篇数，Nmax 指最高产者的发文数量，将那些发表论文数在 M 篇以上的作者称为高产作者②，计算出雾霾与社会经济关系的研究领域高产作者阈值为 4.62。因此，取发文数量≥5 的作者为高产作者，共有 92 位高产作者。这些高产作者在该研究领域相对比较活跃且具有较强的科研能力，共发文 883 篇，占总数的 13.87%。这表明国际学术界该研究领域在一定程度上已经初步形成一批高产作者，这些作者发表成果较多，学术水平较高。

---

①　邱均平、沈莹、宋艳辉：《近十年国内外管理学研究进展与发展趋势的比较研究》，《现代情报》2019 年第 2 期。

②　孙瑞英、王旭：《基于文献计量的国内物联网研究现状分析》，《现代情报》2016 年第 1 期。

为了识别该研究领域的核心学者及其相互间合作的强度，从作者共现的角度对文献进行分析。在 CiteSpace 中选择时区为 1999—2019 年，时间切片为 2，即每两年对数据进行一次提取，阈值选择"Top N = 40"，其他参数均采用默认值，节点类型（Node Types）选择作者（Author），生成图 2.2。该图谱中共有 472 个节点和 736 条连线，密度为 0.0066。图谱中节点代表作者，节点的大小表示作者的发文量，连线的粗细表示合作关系的强弱。

图 2.2 学者共现图谱①

如图 2.2 所示，图谱中心区域集中了一部分节点，这些节点之间存在较多的连线；同时，四周离散分布着许多相对孤立节点。表明中心区域的作者之间存在着不同程度的合作关系，相互之间知识流动的情况较好；但在四周离散部分的作者则缺乏交流与合作，处于孤军奋战的状态。② 进一步研究图 2.2 中心区域的节点连线，结合文献分析，发现多

① 陈悦、陈超美、胡志刚等：《引文空间分析原理与应用》，科学出版社 2014 年版。
② Xiong huanhuan and Zhao Zicong, "The Correlation between Haze and Economic Growth: A Bibliometric Analysis based on WoS Database", *Applied Ecology & Environmental Research*, Vol. 18, No. 1, 2020.

数合作群是在 2015—2019 年才形成的，目前正处于加强交流与加深合作的阶段，预计未来这部分作者可能通过合作创造出更多的研究成果。

（三）研究机构合作分析：集中于国际顶尖高校和科研院所

研究机构共现可以识别该领域各个研究机构的地位和重要性及其相互之间的合作程度。为了使图谱展示更加简洁清晰，时间切片为 4，阈值选择"Top 5% per slice"，得到图 2.3。图 2.3 中共有 213 个节点 527 条连线，网络整体密度为 0.0233，表 2.3 列举出发文量前 20 名机构的详细信息。

结合图 2.3 和表 2.3 可知：①雾霾与社会经济关系的研究力量集中于高校和科研院所。清华大学、加利福尼亚大学伯克利分校、北京大学和哈佛大学等国际上的顶尖学府，拥有环境和经济等优势专业。节点最大的机构是中国科学院，该院的科研水平在中国国内乃至国际上都有极高的知名度。②中国和美国在该研究领域中处于领先位置，科研成果丰富，贡献非常突出，这一方面反映了中美两国对该领域的特别关注，另一方面也体现了两国学者的科研实力。③图 2.3 中心区域连线较多，非中心区有零散的节点。说明该领域大部分研究机构之间合作比较密切，但仍有一些机构缺乏合作，未来应该加强交流与合作。

图 2.3　机构共现图谱

表2.3 发文量前20名机构信息

频次	机构	国家
249	中国科学院	中国
124	清华大学	中国
104	北京大学	中国
80	北京师范大学	中国
76	加利福尼亚大学伯克利分校	美国
72	哈佛大学	美国
68	美国环保局	美国
52	华北电力大学	中国
46	复旦大学	中国
43	南京理工大学	中国
42	南京大学	中国
40	马里兰大学	美国
37	加州大学戴维斯分校	美国
35	伊利诺伊大学	美国
34	哥伦比亚大学	美国
32	密歇根大学	美国
32	北卡罗来纳大学	美国
31	北京理工大学	中国
30	国际应用系统分析研究所	奥地利
29	上海交通大学	中国

（四）研究主题：实证研究丰富，理论研究较为薄弱

关键词是有一定标准的术语，是文献内容的高度浓缩。通过对关键词的词频进行统计，并以"图"和"谱"双重特征对其进行展示和聚类分析，可以挖掘出雾霾与社会经济关系的研究领域中知识单元或知识群之间动态、交叉、演化的复杂网络关系。[1] 将 CiteSpace 的网络节点选定

① 熊欢欢、邓文涛：《基于 CiteSpace 的雾霾与经济增长关联研究的统计分析》，《统计与决策》2018 年第 12 期。

为"keyword"，时间切片为2，阈值设置为"Top 10% per slice，up to 15"，选择MST（最小生成树）算法精简。之后，对其进行聚类分析，并用LLR方法抽取关键词作为聚类的标识，结果如图2.4和表2.4所示。

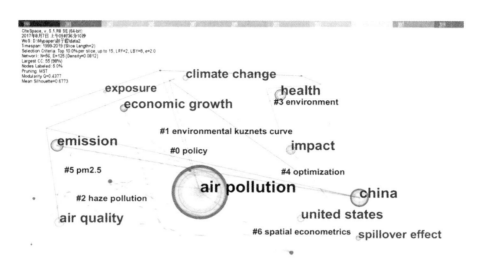

图2.4　关键词共现图谱

表2.4　　　　　　　　　　　　　　　　关键词聚类

序号	聚类强度	标签	高频关键词
0	0.374	Policy 政策	policy 政策；health effects 健康影响；economic impacts 经济影响
1	0.506	Environment kuznets curve 环境库兹涅茨曲线	environmental kuznets curve 环境库兹涅茨曲线；air pollution 空气污染；economic growth 经济增长
2	0.942	Haze pollution 雾霾污染	haze pollution 雾霾污染；risk factor 风险因素；environmental regulations 环境规制
3	0.883	Environment 环境	environment 环境；integrated design 综合设计；greenhouse model 温室气体模型

续表

序号	聚类强度	标签	高频关键词
4	0.913	Optimization 优化	optimization 优化；decision analysis 决策分析；interactive simulation 交互式模拟
5	0.903	PM2.5	PM2.5；urban smog pollution 城镇雾霾污染；spatial heterogeneity 空间异质性
6	0.898	Spatial econometrics 空间计量	spatial econometrics 空间计量；spillover effect 溢出效应；spatial autoregressive model 空间自回归模型

如图 2.4 左上角标识显示，其中 Modularity 与 Silhouette 是评价聚类程度的两个指标。Modularity 是用来评价网络模块化的一项指标，具体使用 Q 值来表示，当 Q > 0.3 时，表明该网络的社团结构是显著的；Silhouette 是用来评价聚类同质化程度的指标，具体使用 S 值来表示，当 S ≥ 0.5 时表明该聚类同质化水平较高。雾霾与社会经济关系的研究中，关键词共现网络的 Q 值 = 0.4377 > 0.3，S 值 = 0.6773 > 0.5，表明该网络结构显著，结果合理。图 2.4 中共有 56 个节点和 125 条连线，密度为 0.0812。节点越大意味着其出现次数越多，带有紫色（黑白图中表现为深色）外圈的节点则在网络中具有重要转折和枢纽作用。结合 CiteSpace 处理后的高频关键词聚类（表 2.4），并对已有文献进行阅读与整理，将该领域研究主题分为四个方面：（1）关于环境库茨涅茨曲线（EKC）假说的检验与解释；（2）雾霾形成的经济机制及影响因素；（3）雾霾的空间溢出效应；（4）雾霾治理的政策优化。

（1）关于 EKC 假说的检验与解释

Panayotou（1993）将 Kuznets 提出的库兹涅茨曲线的思想在分析环境质量与经济增长的关系中应用，首次提出了经典的 EKC 假说，即环境污染与经济增长之间呈现先上升后下降的倒 "U" 形关系。[①] Selden 和 Song

① Panayotou T., "Empirical Tests and Policy Analysis of Environmental Degradation at Different Stages of Economic Development", *International Labour Organization*, 1993.

（1994）分析发现悬浮颗粒物、SO_2、NOx 和 CO_2 的人均排放量与人均 GDP 呈反向关系。他们认为尽管从长远来看排放将会减少，但预计未来几十年全球排放量将继续快速增长。[①] Grossman 和 Krueger（1994）发现经济增长初期带来了环境的恶化，后期则是改善阶段；并且不同污染物的转折点各不相同。[②]

随着研究的深入，学术界出现了不同的声音：Ansuategi（2003）通过分析欧洲 SO_2 排放的面板数据，提出只有当污染物是半地方性并且存在中期影响的情况下，EKC 假说才成立。[③] Stern（2004）指出 EKC 假说存在一些问题，例如遗漏变量偏差、异方差性和内生性等。[④] Dinda（2004）则梳理了相关文献、背景历史和概念见解等，总结出关于 EKC 形成的两种比较普遍的解释。同时，从概念和方法层面对 EKC 假说提出一些质疑。[⑤] 但 Tamazian 和 Rao（2010）将前人提出的质疑综合考虑，再次进行检验，结果仍表明环境库兹涅茨假说成立。[⑥] Auci 等（2018）考虑到内生因素的影响，以欧盟 25 个成员国的部门为对研究对象，将单变量模型和双变量模型进行比较，得到调整后的 EKC 关系。[⑦]

相比于实证分析，该领域的理论研究力量较为薄弱：Bovenberg 和 Smulders（1993）在污染促使的技术变革下的内生经济增长模型中，探讨

---

① Selden T. M. and Song D., "Environmental Quality and Development: Is There a Kuznets Curve for Air Pollution Emissions?", *Journal of Environmental Economics & Management*, Vol. 27, No. 2, 1994.

② Grossman G. M. and Krueger A. B., eds., *Economic Growth and the Environment*, Berlin: Springer Netherlands, 1995.

③ Ansuategi A., "Economic Growth and Transboundary Pollution in Europe: An Empirical Analysis", *Environmental & Resource Economics*, Vol. 26, No. 2, 2003.

④ Stern D. I., "The Rise and Fall of the Environmental Kuznets Curve", *World Development*, Vol. 32, No. 8, 2004.

⑤ Dinda S., "Environmental Kuznets Curve Hypothesis: A Survey", *Ecological Economics*, Vol. 49, No. 4, 2004.

⑥ Tamazian A. and Rao B. B., "Do Economic, Financial and Institutional Developments Matter for Environmental Degradation? Evidence from Transitional Economies", *Energy Economics*, Vol. 32, No. 1, 2010.

⑦ Auci S. and Trovato G., "The Environmental Kuznets Curve within European Countries and Sectors: Greenhouse Emission, Production Function and Technology", *Economia Politica*, No. 2, 2018.

环境质量与经济增长的联系。① Chichilnisky（1994）则将环境和污染自身放进新古典生产函数和效用函数进行分析，认为是产权的不同创造了不同地区之间的贸易动机。②

（2）雾霾形成的经济机制及影响因素

一些学者认为，能源和产业结构等原因导致了雾霾天气的出现。Jessie（2006）发现当进入重工业阶段，煤炭消耗量占比不断升高时，PM2.5浓度也随之升高，空气污染问题日益严重。③ 但也有学者对此提出疑问并进行了研究：Antweiler（2001）等建立理论模型，用 SO_2 浓度的数据检验理论，最终得出更自由的贸易似乎对环境有利。④ He（2012）等分析了市场化、全球化和分权化三重转型过程对环境的影响，得出市场化和分权化对城市环境有害，而经济全球化有利于城市空气质量的结论。⑤ Tobias（2017）等从碳效率的角度看待 SO_2 的排放，并模拟了绿色税收对绩效的影响，发现环境税收水平与碳效率显著正相关。⑥

（3）雾霾的空间溢出效应

国际上有众多学者认为，某个区域的雾霾污染会波及周边区域的环境质量，同时其治理也会给周边地区带来影响，即雾霾存在空间溢出效应。因此，要在空间框架下探讨环境与经济的关系，尽管这样会使其关系变得复杂。

① Bovenberg A. L. and Smulders S., "Environmental Quality and Pollution-augmenting Technological Change in a Two-sector Endogenous Growth Model", *Journal of Public Economics*, Vol. 57, No. 3, 1993.

② Chichilnisky G., "North-South Trade and the Global Environment", *American Economic Review*, Vol. 84, No. 4, 1994.

③ Jessie P. H., Poon, Irene Casas and Canfei He, "The Impact of Energy, Transport, and Trade on Air Pollution in China", *Eurasian Geography & Economics*, Vol. 47, No. 5, 2006.

④ Antweiler W., Copeland B. R. and Taylor M. S., "Is Free Trade Good for the Environment?", *American Economic Review*, Vol. 91, No. 4, 2001.

⑤ He C., Pan F. and Yan Y., "Is Economic Transition Harmful to China's Urban Environment? Evidence from Industrial Air Pollution in Chinese Cities", *Urban Studies*, Vol. 49, No. 49, 2012.

⑥ Tobias Böhmelt, Vaziri F. and Ward H., "Does Green Taxation Drive Countries Towards the Carbon Efficiency Frontier?", *Journal of Public Policy*, 2017.

21 世纪初，国际著名计量经济学家 Anselin（2010）将空间计量建模方法应用到环境与资源经济角度，对空间因素分析的重要性进行了研究。[1] Maddison（2007）选取 SO_2、NO_2 等污染物为空气质量的典型衡量指标，运用空间计量经济方法建立模型，发现在这个模型下国与国之间雾霾的污染与治理都存在溢出效应。[2] Poon（2006）等以中国省域为研究对象，通过模拟能源、运输和贸易对当地空气污染排放的影响，证实溢出效应确实在中国省域之间存在。[3] Hosseini 和 Kaneko（2013）运用六类权重矩阵建立六个空间模型，论证得出空气污染确实存在国家间的溢出效应。[4]

（4）雾霾治理的政策优化

根据 EKC 所反映的政策内涵可知，经济增长最终有助于改善环境质量，污染只是增长路上的"副产品"。然而，加速经济增长并非改善环境质量的锦囊妙计。[5] Grossman 和 Krueger（1995）认为：能够有效解决环境问题的方法是改善国家经济增长前景的手段和相关政策；改进技术、优化产业结构才能从根本上解决问题。[6] 基于可持续发展理论，Karki（2005）等以东盟地区为例，认为想要在经济不断增长的条件下始终保持可持续发展，需要从资源和能源方面着手综合治理。[7] Wu 等（2018）分析数据得到在 PM2.5 排放与 GDP 相等的条件下，投入指标冗余过多，认

---

[1]　Anselin L. ，"Spatial Effects in Econometric Practice in Environmental and Resource Economics"，*American Journal of Agricultural Economics*，Vol. 83，No. 3，2001.

[2]　Maddison D. ，"Modelling Sulphur Emissions in Europe：a Spatial Econometric Approach"，*Oxford Economic Papers*，Vol. 59，No. 4，2007.

[3]　Poon P. H. ，Casaa I. and He C. ，"The Impact of Energy，Transport，and Trade on Air Pollution in China"，*Eurasian Geography and Economics*，No. 47，2006.

[4]　Hosseini H. M. and Kaneko S. ，"Can Environmental Quality Spread Through Institutions?"，*Energy Policy*，Vol. 56，No. 2，2013.

[5]　Arrow K. ，Bolin B. ，Costanza R. ，et al. ，"Economic Growth，Carrying Capacity，and the Environment"，*Science*，Vol. 268，No. 5210，2013.

[6]　Grossman G. M. and Krueger A. B. ，eds. ，*Economic Growth and the Environmen*，Berlin：Springer Netherlands，1995.

[7]　Karki S. K. ，Mann M. D. and Salehfar H. ，"Energy and Environment in the ASEAN：Challenges and Opportunities"，*Energy Policy*，Vol. 33，No. 4，2005.

为应利用调整输入指标来控制雾霾排放。[①]

另有部分学者运用可计算一般均衡（CGE）模型去研究雾霾治理的治理对策。Jie（2005）建立了静态 CGE 模型，研究发现在烟气脱硫政策下，经济增速会减小，并且用清洁能源来替代污染能源才能到达减少污染的目的。[②] 基于 CGE 模型，Xu（2009）[③] 和 Allan 等（2014）[④] 学者提出了运用包括硫税、碳税等的税收工具来治理雾霾的想法。

（五）热点与趋势分析：研究指标从传统的大气污染物转变为可吸入颗粒物

突现是指关键词的被引频次数在短期内发生了较大变化，而较高强度的突现意味着该关键词在短期内得到学术界的较多关注，亦可理解为该关键词是本段时间内的研究前沿。[⑤] 运用 CiteSpace 对 1999—2019 年的文献数据进行了突变分析，得到的结果如图 2.5 所示。

由图 2.5 可将国外该领域在不同时期的研究前沿划分为三大块：①雾霾的成因及对环境造成的损失，其中包含的关键词有"sulfur dioxide（二氧化硫）""acidification（酸化）"和"temperature（温度）"等。②雾霾对人类健康的影响，其中的关键词包括"children（儿童）""morbidity（发病率）""risk factor（风险因素）"等。③雾霾与经济的关系，其中的关键词有"economic（经济）"和"fuel economy（燃油经济性）"等。

---

① Wu X., Chen Y., Guo J., et al., "Inputs Optimization to Reduce the Undesirable Outputs by Environmental Hazards: a DEA Model with Data of PM2.5 in China", *Natural Hazards*, Vol. 90, No. 1, 2018.

② Jie H. E., "Estimating the Economic Cost of China's New Desulfur Policy During Her Gradual Accession to WTO: The Case of Industrial SO2, Emission", *China Economic Review*, Vol. 16, No. 4, 2005.

③ Xu Y. and Masui T., "Local Air Pollutant Emission Reduction and Ancillary Carbon Benefits of SO Control Policies: Application of AIM/CGE Model to China", *European Journal of Operational Research*, Vol. 198, No. 1, 2009.

④ Allan G., Lecca P., Mcgregor P., et al., "The Economic and Environmental Impact of a Carbon Tax for Scotland: A Computable General Equilibrium Analysis", *Ecological Economics*, Vol. 100, No. 100, 2014.

⑤ 陈悦、陈超美、刘则渊、胡志刚、王贤文：《CiteSpace 知识图谱的方法论功能》，《科学学研究》2015 年第 2 期。

关键词	强度	突现起始时间	突现结束时间	突现时间分布（1999—2019 年）
sulfur dioxide	6.82	1999	2002	
critical load	3.10	1999	2002	
acidification	4.96	1999	2002	
prevalence	3.10	1999	2002	
integrated assessment	3.10	1999	2002	
temperature	5.31	1999	2004	
asia	7.43	1999	2008	
deposition	4.46	1999	2008	
indicator	3.41	2000	2006	
indoor air quality	4.28	2000	2004	
environmental justice	8.78	2000	2008	
epidemiololgy	3.66	2000	2004	
children	13.10	2001	2012	
water	6.73	2001	2010	
combustion	3.82	2001	2004	
productivity	5.95	2001	2006	
europe	9.52	2001	2006	
soil	7.19	2002	2006	
morbidity	4.42	2002	2008	
risk factor	12.41	2002	2010	
economic valuation	4.24	2002	2006	
fuel economy	3.32	2003	2004	

图 2.5　关键词突现

时区视图（Timezone）侧重于描绘各研究主题随时间的演变趋势以及彼此之间的影响。[①] 因此，关键词共现网络的时区视图可以展示国际上雾霾与社会经济关系领域的热点趋势。将网络节点选定为"keyword"，时间切片为 3，阈值设置为"Top N = 30"，并选择 MST 算法进行修剪，得

———————

① 陈悦、陈超美、胡志刚等：《引文空间分析原理与应用》，科学出版社 2014 年版。

到该领域主要热点趋势，最终得到1999—2019年关键词演化的时区图谱（见图2.6）。

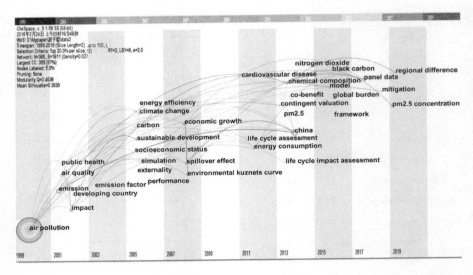

图2.6 关键词时区图谱

分析图2.6及其后台数据可知，在雾霾与社会经济关系的研究历程初期，集中爆发了许多关键词，例如"air pollution（空气污染）""developing country（发展中国家）""carbon（碳）""emission（排放）"和"sustainable development（可持续发展）"等，这些关键词是20世纪90年代末学术界对雾霾与社会经济关系研究中最为关注的重点。近5年来，随着雾霾污染的严重性以及数据的可获得性，"China（中国）"、"PM2.5"和"regional difference（区域差异）"等关键词得到了重点关注，并成为目前的研究热点。可见，研究区域已从"发展中国家"转向"中国"，并进一步细化到"区域差异"；研究指标已从传统的大气污染物转变为碳排放，再到PM2.5（可吸入颗粒物），并且未来可能继续保持热度。整体来看，图2.6呈现了国际上雾霾与社会经济关系研究的热点趋势变化情况。

二　国内文献计量分析

为了探究雾霾与社会经济关系的国内研究现状，在 CNKI 网络出版总库中进行高级检索，检索条件为：主题 TS =（"雾霾" OR "PM2.5" OR "PM10"）AND（"社会" OR "经济" OR "社会经济"）检索相关文献，时间限定与国外研究期间保持一致，即 1999—2019 年，数据来源类别选择全部期刊、SCI 来源刊、EI 来源刊、核心期刊、CSSCI 来源刊，共得到 1448 条文献数据。剔除没有作者、编辑部发文等无效数据，最后共得到 1356 条数据记录，并通过软件转换为 CiteSpace 可处理的格式。

（一）文献量分析：研究日趋成熟，增速放缓后转负

图 2.7 可以看出，国内关于雾霾与社会经济关系研究的文献呈波动增长的趋势，可分为四个阶段。①阶段一（1999—2011 年），该阶段文献非常少，波动幅度极小，这表明该领域的研究起步较早，但研究进展较为缓慢。②阶段二（2011—2014 年），该阶段文献呈爆炸式增长态势，说明该时间段内雾霾与社会经济关系的研究受到国内学者的极大关注，并取得了丰富的研究成果。③阶段三（2014—2017 年），该阶段文献量整体上仍然保持增长的态势，但增长速度逐渐放缓，表明该主题的研究热度逐渐下降，且研究逐渐成熟。④阶段四（2017—2019 年），该阶段文献量急剧下降，说明自 2017 年起该领域的研究成果已逐渐趋于饱和。结合文献逻辑增长曲线的 4 个时间段可知①，目前国内雾霾与社会经济关系的研究处于逻辑增长曲线的 t_3 及以后阶段，即饱和发展阶段，研究热度逐渐下降。

（二）作者分析：缺乏高产和高影响力作者，合作仅限课题组和师生合作

统计发现，雾霾与社会经济关系的研究领域中，发文最多的是财政部财政科学研究所的贾康学者，共发表 9 篇文献。根据前文的普赖斯公式（2.1）计算出该领域高产作者阈值为 2.25。取发文数量≥3 的作者为高产作者，共有 39 位，共发文 154 篇，高产作者发文总量占总数的 11.36%。可以发现，国内雾霾与社会经济关系的研究领域中，作者发文频次较低，

---

① 邱均平：《信息计量学》，武汉大学出版社 2007 年版。

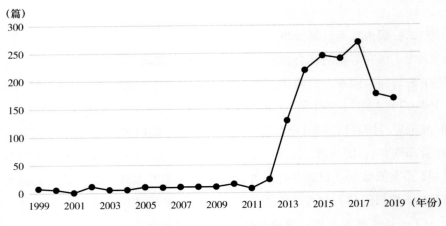

图 2.7 国内文献时间分布

研究较为分散，还没有形成一批高产、高影响力作者。合作是解决科研瓶颈的有效途径。分析雾霾与社会经济关系这一领域的作者合作情况，可以探讨该领域内知识流动与交流情况，选择从作者共现的角度对文献进行分析。在 CiteSpace 中选择时区为 1999—2019 年，时间切片为 1，阈值选择"Top N = 100"，其他参数均采用默认值，节点类型（Node Types）选择作者（Author），生成图 2.8。

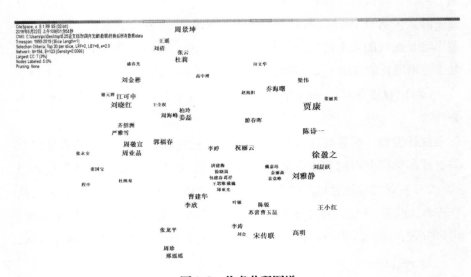

图 2.8 作者共现图谱

通过构建该领域发文数量 >1 的作者的合作矩阵，并利用软件对其进行可视化展示，可以直观了解该领域内作者合作情况。图 2.8 中节点代表作者，节点的大小表示作者的发文量，连线的粗细表示合作关系的强弱。图 2.8 中网络密度为 0.0066，整体网络较为分散，孤立节点非常多。

结合以上分析可以看出，国内雾霾与社会经济关系的研究领域中，作者合作情况不太乐观。单独节点较多，节点之间合作较少，且分布较为离散，表明该领域内作者不太倾向于分享、交流彼此的研究经验与成果，基本处于单打独斗的状态。领域内还没有形成一定合作规模，核心团队及核心学者尚未形成。合作多基于课题组、师生关系，缺少跨机构的合作关系。后续应加强不同地域、领域内作者间的合作交流，分享知识和经验，促进雾霾与社会经济关系研究的进一步发展。

（三）机构与地域分析：高校与科研院所为主，集中在经济、教育发达地区，机构间合作交流较少

对作者所在机构、地域（省市）进行统计分析，可以展示出雾霾与社会经济关系的主要研究力量分布。图 2.9 中节点代表机构，节点大小表示其发文次数，节点间的连线表示二者存在合作关系，连线越粗则合作越频繁。图 2.9 中共有 154 个节点，32 条连线，整体网络密度为 0.0027，表 2.5 列举了发文量前 20 名的机构。

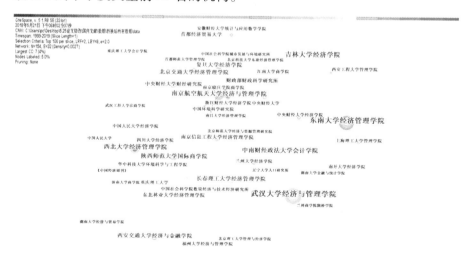

图 2.9 研究机构图谱

表 2.5 发文量前 20 名的机构

频次	机构	地区	频次	机构	地区
15	武汉大学经济与管理学院	湖北	6	复旦大学经济学院	上海
14	东南大学经济管理学院	江苏	5	财政部财政科学研究所	北京
11	吉林大学经济学院	吉林	5	东北林业大学经济管理学院	黑龙江
9	中南财经政法大学会计学院	湖北	5	中央财经大学财经研究院	北京
9	南京航空航天大学经济与管理学院	江苏	5	南京信息工程大学经济管理学院	江苏
9	西北大学经济管理学院	陕西	4	中国环境科学研究院	北京
7	陕西师范大学国际商学院	陕西	4	中国人民大学经济学院	北京
6	北京交通大学经济管理学院	北京	4	南京晓庄学院商学院	江苏
6	长春理工大学经济管理学院	吉林	4	江南大学商学院	江苏
6	西安交通大学经济与金融学院	陕西	4	中央财经大学经济学院	北京

结合图 2.9 和表 2.5 可以看出：①高校和科研院所是雾霾与社会经济关系研究的主要力量，如武汉大学、东南大学、吉林大学、财政部财政科学研究所、中国环境科学研究院等。②该领域研究力量相对集中于经济、教育、社会较为发达的地区，如北京市、武汉市、江苏省等，表明国内关于雾霾与社会经济关系的研究力量分布不均衡，很大程度上受到经济、教育的影响。③图 2.9 中节点之间连线很少，说明该领域研究机构间缺乏合作，比较分散。由此可以看出，国内雾霾与社会经济关系的研究整体上较为离散，缺乏合作，今后应加强机构内部、机构之间的相互联系、交流，从而促进该领域继续蓬勃发展。

（四）研究主题分析：逐渐多元化

在 CiteSpace 界面中选择节点为关键词，阈值设置为 Top 20 per slice，选择 MST（最小生成树）算法精简网络，最后得到 62 个节点 76 条连线的关键词图谱。随后，对关键词图谱进行聚类，得到国内雾霾与社会经济关系的研究领域的主题聚类图（见图 2.10），综合采用 TFIDF、LLR、MI 算法对其命名（见表 2.6）。聚类大小是指该类团包含节点的数量，聚类强度指类团内部一致性以及紧凑型，平均年份指聚类新老程度。结合表 2.6 可以看出，类团 0 包含节点数量最多，类团 2 内部一致性最强。

依据表2.6以及文献数据，将雾霾与社会经济关系领域的研究主题主要分为4个方面：（1）雾霾的影响因素与治理对策；（2）雾霾的时空特征分析；（3）雾霾的空间效应研究；（4）碳金融与碳交易市场。

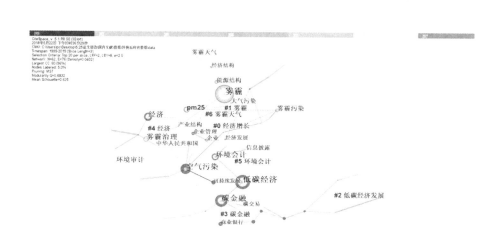

图2.10 关键词聚类图谱

表2.6　　　　　　　　　　　　　关键词聚类信息

序号	聚类大小	聚类强度	平均年份	标 签	主要关键词
0	13	0.854	2007	经济增长	经济发展（35）、经济增长（27）、空气质量（27）
1	11	0.626	2014	雾霾	雾霾（345）、雾霾治理（129）、PM2.5（104）
2	9	0.898	2009	低碳经济发展	碳交易市场（17）、碳金融市场（11）、低碳经济发展（10）
3	9	0.865	2016	时空特征	时间（64）、空间分布（87）、分异（48）
4	9	0.843	2009	碳金融	碳金融（186）、商业银行（36）、碳交易（35）
5	7	0.890	2005	经济	经济（129）、中国（47）、财政管理（4）
6	6	0.772	2006	低碳经济	低碳经济（207）、环境会计（126）、信息披露（49）

（1）雾霾的影响因素与治理对策

大规模雾霾污染的形成以人为因素为主要原因。经济学者认为，能源结构、经济结构、城镇化演进的不合理等都是导致中国雾霾天气日趋严重的主要原因，并认为调整能源消费结构和产业经济结构是治理雾霾污染的必然要求。基于此，国内经济学者从雾霾的影响因素和治理对策两个方面开展研究。

关于雾霾形成的影响因素研究。魏巍贤等（2015）认为政府欠缺对能源技术的激励，以煤炭为主的能源结构、重工业比重过大、车辆数量的急剧增加以及城镇化演进的大量扬尘等是影响雾霾形成的主要因素。[1] 马丽梅等（2014）通过空间计量实证研究认为中国经济体制改革进程中造成的产业与城市结构的扭曲，能源空间分布的结构固化是雾霾多发的主要因素。[2] 周亮等（2017）采用地理探测器方法探究了 2000—2011 年中国雾霾污染的影响因素，认为人口密度是导致 PM2.5 浓度空间变化的主要原因，人口集聚会加剧区域雾霾污染。[3] 梁伟等（2017）运用空气质量指数建立了空间联立方程，发现城镇化率的提高可以缓解雾霾污染。[4] 任雪（2018）则通过构建非线性面板门槛回归模型，分析得出在不同门槛变量影响下，经济增长对雾霾污染具有显著的单门槛效应。[5] 陈世强等（2020）利用系统广义矩估计（SGMM）方法，研究发现低效率的能源使用、低水平的人口集聚和粗放式的经济发展方式是导致黄河流域雾霾污染的"元凶"。[6]

① 魏巍贤、马喜立：《能源结构调整与雾霾治理的最优政策选择》，《中国人口·资源与环境》2015 年第 7 期。

② 马丽梅、张晓：《中国雾霾污染的空间效应及经济、能源结构影响》，《中国工业经济》2014 年第 4 期。

③ 周亮、周成虎、杨帆、王波、孙东琪：《2000—2011 年中国 PM2.5 时空演化特征及驱动因素解析》，《地理学报》2017 年第 1 期。

④ 梁伟、杨明、张延伟：《城镇化率的提升必然加剧雾霾污染吗——兼论城镇化与雾霾污染的空间溢出效应》，《地理研究》2017 年第 10 期。

⑤ 任雪：《长江经济带经济增长对雾霾污染的门槛效应分析》，《统计与决策》2018 年第 20 期。

⑥ 陈世强、张航、齐莹、刘勇：《黄河流域雾霾污染空间溢出效应与影响因素》，《经济地理》2020 年第 5 期。

基于雾霾的影响因素分析，国内学者提出了诸多治理对策。魏巍贤等（2015）基于实证研究认为：a. 科技进步是治理雾霾污染的决定性因素；b. 改变能源结构是根本途径；c. 调增产业结构是治理雾霾的基础；d. 关键是改变以煤炭为主的能源消费结构；e. 治理雾霾需要一定的经济增长代价。他提出调整煤炭等税费政策、发展清洁能源、升级生产技术、强化企业和国民的环保意识措施。[①] 陈诗一等（2018）在两阶段最小二乘的统一框架内估计了政府环境治理的减霾效果和对中国经济发展质量的影响，得出经济发展质量的提高是经济发展方式转变的前提，政府治理雾霾有助于提升大气环境和经济发展质量等启示。[②] 可以看出，调整能源结构、产业结构、经济结构、增强企业创新能力以及加强环保意识是学者们普遍公认的治理雾霾措施。

（2）雾霾的时空特征分析

在快速城镇化和工业化的过程中[③]，受排放源强度、地形、区位、温度、湿度等因素的影响[④]，雾霾污染呈现显著的时空变异特征。从全国范围的研究来看，吴兑等（2010）基于1951—2005年中国大陆743个地面气象站资料，研究了中国霾的长期变化趋势。[⑤] 李名升等（2013）基于监测数据研究了近10年中国大气PM10污染时空格局演变。[⑥] 王振波等（2015）基于监测数据归纳出2014年中国190个城市PM2.5的时空变化规律，认为中国城市PM2.5在一年内具有显著的"U"形逐月变化规律和周期性

① 魏巍贤、马喜立：《能源结构调整与雾霾治理的最优政策选择》，《中国人口·资源与环境》2015年第7期。

② 陈诗一、陈登科：《雾霾污染、政府治理与经济高质量发展》，《经济研究》2018年第2期。

③ Wang Z. B. and Fang C. L., "Spatial-temporal Characteristics and Determinants of PM2.5 in the Bohai Rim Urban Agglomeration", *Chemosphere*, No. 148, 2016.

④ Gang L., Jingying F., Dong J., et al., "Spatio-Temporal Variation of PM2.5 Concentrations and, Their Relationship with Geographic and Socioeconomic, Factors in China", *International Journal of Environmental Research and Public Health*, Vol. 11, No. 1, 2013.

⑤ 吴兑、吴晓京、李菲等：《1951—2005年中国大陆霾的时空变化》，《气象学报》2010年第5期。

⑥ 李名升、张建辉、张殷俊、周磊、李茜、陈远航：《近10年中国大气PM10污染时空格局演变》，《地理学报》2013年第11期。

U - 脉冲型逐日变化规律，以及显著的空间分异与集聚规律，城市群是 PM2.5 的高污染城市聚集地。[①] 还有学者基于 2014—2015 年中国 190 个大中城市 PM2.5 的监测数据，通过建立空间数据统计模型，研究发现 2015 年相较 2014 年，全国平均 PM2.5 浓度有所下降，整体污染范围缩小，空间集聚性更明显。[②] 姜磊（2018）等利用 2015—2017 年全国地级及以上城市 PM2.5 监测数据探究了雾霾的时空变化规律，发现研究期间 PM2.5 浓度逐年降低，全国污染范围逐年减小。[③] 还有部分学者从城市群、单个省市或区域层面进行了相关研究，如戴昭鑫等（2016）基于监测数据探讨了 2013—2015 年长三角地区 PM2.5 动态变化规律。[④] 张殷俊等（2015）运用监测数据分析和总结了京津冀、长三角和珠三角等重点污染区域 2013 年 74 个城市的 PM2.5 分布规律。[⑤] 王占山等（2015）从市域层面探讨 2013 年北京市 PM2.5 的空间分布特征，认为前体物和大气氧化性对 PM2.5 具有显著影响。[⑥] 杨冕等（2017）运用地理学时空分析探究了长江经济带 PM2.5 的时空分布特征与演变规律，并发现雾霾污染与季节、经济发展水平、人口密度、公共交通运输强度具有关联性。[⑦]

（3）雾霾的空间效应研究

国内众多学者认为：某地区的雾霾污染和治理必然会影响周边地区环境质量状况，即空间关联效应。基于空间计量方法，马丽梅等（2014）对中国 31 个省份内部与外部之间的雾霾污染相互影响、经济变动等方面

① 王振波、方创琳、许光等：《2014 年中国城市 PM2.5 浓度的时空变化规律》，《地理学报》2015 年第 11 期。

② 熊欢欢、梁龙武、曾赠等：《中国城市 PM2.5 时空分布的动态比较分析》，《资源科学》2017 年第 1 期。

③ 姜磊、周海峰、赖志柱等：《中国城市 PM2.5 时空动态变化特征分析 2015—2017 年》，《环境科学学报》2018 年第 10 期。

④ 戴昭鑫、张云芝、胡云锋等：《基于地面监测数据的 2013～2015 年长三角地区 PM2.5 时空特征》，《长江流域资源与环境》2016 年第 5 期。

⑤ 张殷俊、陈曦、谢高地等：《中国细颗粒物（PM2.5）污染状况和空间分布》，《资源科学》2015 年第 7 期。

⑥ 王占山、李云婷、陈添等：《2013 年北京市 PM2.5 的时空分布》，《地理学报》2015 年第 1 期。

⑦ 杨冕、王银：《长江经济带 PM2.5 时空特征及影响因素研究》，《中国人口·资源与环境》2017 年第 1 期。

进行探讨，研究认为：省份之间雾霾污染存在显著的空间相关性，高污
染地区集中在经济发达省份，并认为产业转移加剧了雾霾污染的区域相
关性；雾霾污染程度与地区的产业结构、能源结构息息相关，且雾霾污
染与经济增长并未呈现明显的倒"U"形关系，并指出改变能源和产业结
构是治理雾霾的根本途径。[1] 任保平等（2014）认为中国雾霾污染的空间
分布特征主要有：集中在主要能源产出地，如山西、河北等省份；主要
分布在重工业聚集区域，如黄淮海附近的京津冀地区、长三角工业聚集
区；城市规模较大地区雾霾天气比较频发。[2] 卢华等（2015）运用空间杜
宾模型探讨了雾霾污染的区域特性与经济增长之间的关系，认为雾霾污
染在区域之间空间依赖性显著，不同区域的雾霾污染内源性互动效应较
为明显，且发现"经济—环境"之间呈倒"N"形轨迹。[3] 潘慧峰等
（2015）考察了京津冀地区城市 PM2.5 的持续性，并证实北京雾霾浓度的
提高对邻近城市均会产生正向冲击，并且衰减速度较慢。[4] 邵帅等
（2016）研究发现中国省域的雾霾污染存在明显的空间溢出效应，并呈现
"高排放俱乐部集聚"的特点。[5] 刘海猛等（2018）运用空间自相关分析
和三种空间计量模型，分析了京津冀 202 个区县 PM2.5 的时空分异特征，
认为京津冀城市群的 PM2.5 浓度空间上呈东南高、西北低的特点且城市
建成区 PM2.5 浓度比周围郊区和农村平均高 1020μg/m³；除此之外，还
提出应对于自然和人文影响因素应分别采取针对性的调控策略，并在城
市群规划中注重环保规划与立法等建议。[6] 刘华军等（2018）提出三条治

[1]　马丽梅、张晓：《中国雾霾污染的空间效应及经济、能源结构影响》，《中国工业经济》2014 年第 4 期。

[2]　任保平、宋文月：《我国城市雾霾天气形成与治理的经济机制探讨》，《西北大学学报》（哲学社会科学版）2014 年第 2 期。

[3]　卢华、孙华臣：《雾霾污染的空间特征及其与经济增长的关联效应》，《福建论坛》（人文社会科学版）2015 年第 9 期。

[4]　潘慧峰、王鑫、张书宇：《雾霾污染的持续性及空间溢出效应分析——来自京津冀地区的证据》，《中国软科学》2015 年第 12 期。

[5]　邵帅、李欣、曹建华等：《中国雾霾污染治理的经济政策选择——基于空间溢出效应的视角》，《经济研究》2016 年第 9 期。

[6]　刘海猛、方创琳、黄解军等：《京津冀城市群大气污染的时空特征与影响因素解析》，《地理学报》2018 年第 1 期。

理雾霾的破解思路，分别是：建立八大治理雾霾联动区、构建全民共治格局以及制定和实施因地制宜的协同防控政策。① 王少剑等（2020）运用地理加权回归模型（GWR）探讨了自然和社会经济因素对中国城市PM2.5存在空间异质性。② 总而言之，有关雾霾空间效应的研究要求各地区之间加强区域联防与合作，共同治理雾霾污染，以推动区域经济合理健康发展。

（4）碳金融与碳交易市场研究

碳的大规模使用是中国雾霾污染严重的一大诱因，因此发展低碳经济、循环经济是治理雾霾的有效途径。低碳经济的推广需要相关技术、人力、资金以及制度的支持。碳金融是指用金融资本促使环境权益的改良，以相关法律政策为支撑，采取金融手段和市场化的平台流通、交易与碳相关的金融产品以及衍生物，以实现低碳发展、可持续发展。碳金融与碳交易市场便是从金融角度讨论如何配置金融资源以促进低碳经济、循环经济的发展。

杨树旺等（2015）探讨了雾霾环境下中国碳排放权交易市场的相关理论，提出完善有关法律法规制度、合理商定碳排放总量、强制减排与自愿减排相结合、增强金融工具种类、加大碳排放权宣传等是建设合理碳交易市场以及治理雾霾的有效途径。③ 宋怡欣（2014）从碳金融法律制度出发，认为中国治理雾霾的碳金融制度必须协调好政府和市场之间的关系，需有效结合和完善排放权和交易机制：微观领域需要引入第三方监管机构；中观领域应强调市场价格机制的作用；宏观领域要强化政府机构在碳金融交易市场的中立地位。④ 杨奔等（2015）提出通过完善防治金融制度、加强监督力度、发挥绿色信贷作用、建立PPP雾霾治理基金、

① 刘华军、雷名雨：《中国雾霾污染区域协同治理困境及其破解思路》，《中国人口·资源与环境》2018年第10期。

② 王少剑、高爽、陈静：《基于GWR模型的中国城市雾霾污染影响因素的空间异质性研究》，《地理研究》2020年第3期。

③ 杨树旺、刘航、覃志立：《雾霾防治背景下的中国碳排放权交易市场建设研究》，《理论与改革》2015年第4期。

④ 宋怡欣：《我国雾霾治理的市场化发展研究——基于碳金融制度的国际法考量》，《价格理论与实践》2014年第5期。

引入第三方评价机构等措施妥善治理雾霾污染。①

（五）热点与趋势分析：研究热点转向碳金融和低碳经济领域，时空演化和绿色发展成前沿趋势

运用 CiteSpace 对 1999—2019 年的数据进行突变分析，如图 2.11 所示。

关键词	强度	突现起始时间	突现结束时间	突现时间分布（1999—2019 年）
健康效益	5.75	1999	2009	
PM2.5 污染	5.88	1999	2009	
经济评估	6.13	1999	2009	
空气污染	8.71	2000	2007	
金融创新	9.43	2009	2011	
绿色信贷	8.14	2009	2012	
CDM 项目	6.85	2009	2012	
碳交易	13.57	2009	2012	
金融	4.76	2009	2012	
财政金融	4.49	2009	2012	
碳金融市场	9.44	2009	2012	
碳交易市场	9.34	2009	2011	
碳基金	5.10	2009	2010	
低碳金融	6.48	2009	2013	
金融机构	4.64	2010	2011	
碳金融	47.74	2010	2012	
碳金融体系	5.39	2010	2012	
碳排放权	3.29	2010	2014	
低碳经济	47.72	2010	2012	
环境会议准则	3.14	2010	2012	
会计信息披露	5.76	2010	2012	
低碳经济发展	6.91	2010	2013	

图 2.11 关键词突现分析

---

① 杨奔、林艳：《我国雾霾防治的金融政策研究》，《经济纵横》2015 年第 12 期。

根据图 2.11，可将国内过去 20 年间该领域关注的前沿热点分为三个板块：（1）雾霾与健康问题，其中突现关键词有"健康效应""空气污染"和"PM2.5 污染"等，该板块主要集中在 1999—2007 年。（2）碳金融与碳交易问题，关键词包含"CDM 项目""碳金融""碳交易"和"金融创新"等，该板块主要集中在 2009—2011 年。（3）低碳经济问题，关键词为"低碳经济""低碳金融"和"环境会计准则"等，该板块主要集中在 2010—2014 年。

类似前文中对国外文献进行的时区视图（Timezone）分析，将网络节点选定为"keyword"，时间切片为 3，阈值设置为"Top N = 20"，并选择 MST 算法进行修剪，得出该领域的主要热点趋势，最终得到 1999 年以来国内关键词演化的时区图谱（见图 2.12）。

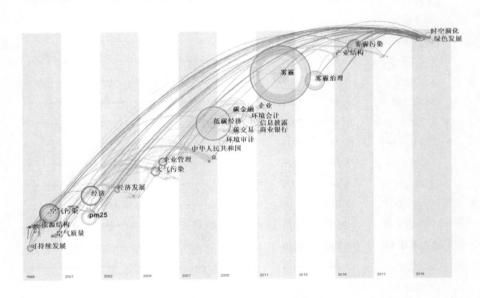

图 2.12　关键词时区图谱

图 2.12 呈现了中国雾霾与社会经济关系的研究热点的趋势变化。由图 2.12 可知：（1）国内雾霾与社会经济关系的热点关键词在各个年份均有出现，但"雾霾"作为关键词被大量研究是从 2011 年开始的，主要是因为在这一年，雾霾天气首次入选国内十大气候事件，引起了全社会的广泛关注。（2）研究热点经历了从"可持续发展"，到"经济发展""低

碳经济""碳金融"的转变，近两年来，"时空演化"和"绿色发展"成为前沿趋势，尤其是"绿色发展"得到了极大的关注，成为该领域最新的研究热点，充分体现了生态文明建设背景下中国创新的发展模式和理念，预计未来很长一段时间内将继续保持热度。

三 文献述评

结合以上国内外文献可视化分析，可以得出以下结论：

（1）近20年来，国际学术界对雾霾与社会经济关系的研究取得了丰富的研究成果，关注度日益提高，文献量呈增长趋势，根据文献逻辑增长曲线的四个阶段可知，目前仍处于快速发展阶段，且增长速度较快。而国内该领域的文献量呈波动增长趋势，其中经过2011—2015年爆炸式增长后，增长速度开始由正转负，目前已处于文献逻辑增长曲线的饱和发展阶段，研究成果已较为丰富和成熟。

（2）国际上，目前该领域已经形成一批高产作者群。这群高产作者相互之间的合作在近5年内比较密切，并处于加深合作阶段。相较而言，国内作者发文频次较低，高影响力和高产作者还不算多；领域内整体合作度偏低，还没有一定合作规模的核心团队以及核心学者，合作多基于课题组、师生关系，缺少跨机构的合作关系。今后应加强地域间、不同研究领域作者间的合作交流，分享知识与经验。

（3）国际上，雾霾与社会经济关系领域内的主要研究力量集中于国际顶尖高校及科研院所，且中国和美国在该研究领域中处于领先位置，科研成果丰富。类似地，国内的研究力量也是以高校和科研院所为主，并集中在经济、教育较为发达的地区。遗憾的是，各机构、跨区域间的合作交流欠缺，领域内研究力量整体较为离散，缺乏合作，今后应加强机构内部、机构之间的相互联系与交流。

（4）通过对领域内关键词进行聚类，发现国内外雾霾与社会经济关系的研究主题都主要集中在：雾霾的影响因素研究、雾霾的空间溢出效应研究、雾霾的治理对策这几个方面。

（5）近5年来，随着雾霾污染的严重性以及数据的可获得性，"China（中国）""PM2.5"和"regional difference（区域差异）"等关键词得到了国际学者的广泛关注，成为该领域目前的研究热点。研究区域已从"发展中国家"转向"中国"，并进一步细化到"区域差异"；研究指标已从传统的大气污染物转变为碳排放，再到 PM2.5。对国内而言，近 20 年来，研究热点经历了从"可持续发展"，到"经济发展""低碳经济""碳金融"，最后是"绿色发展"的转变，充分体现了生态文明建设背景下中国创新的发展模式和理念，未来一段时间将继续保持热度。

综上所述，尽管雾霾污染依然是国内外研究的热点和前沿，但从系统论和科学发展观的要求看，现有研究还存在如下不足：①从研究内容看，对中国雾霾产生原因、对策分析的研究较多，而对雾霾的时空差异及动态演化、影响机制的研究关注较少，尤其缺乏此问题的理论研究；②从研究方法看，雾霾与经济活动的规范性分析较多，尽管已有学者采用空间计量方法研究了影响雾霾的社会经济因素，并取得了一些有益的成果，但这些方法几乎都忽略了数据中可能存在的非线性特征，导致线性模型可能存在模型误设的问题；此外，没有考虑到非线性变换的空间计量分析难以探究社会发展和经济增长对雾霾污染影响的动态过程及机制变化。

因此，从经济学的视角考察雾霾污染的形成根源，探究社会经济因素对雾霾污染的影响机理；并采用空间统计和计量经济的方法来研究雾霾与社会经济因素之间存在的空间非线性关系，将是本书的主要研究目标。

第三节　理论基础

一　可持续发展理论

可持续发展理论的形成经历了一个漫长的历史过程。20 世纪 50 年代，面对经济增长、城市化推进、人口增加和资源消耗造成的环境压力，人们开始重新审视"增长＝发展"的模式。到了 1962 年，美国学者 Carson 在其著作《寂静的春天》中探讨了因农药污染导致的环境严重退化问题，引发了全世界的关注。1972 年，著名学者 Ward 和 Dubos 发表了著作《只有一个地球》，首次将人类生存与环境关系的认识推向了可持续发展的高度。同年，罗马俱乐部发布了闻名世界的研究报告《增长的极限》，明确提出"持续增长"以及"合理持续的均衡发展"概念。1980 年，世界自然保护联盟制定发布了《世界自然资源保护大纲》，提出"要深入研究自然、社会、生态、经济以及自然资源利用之间的关系，以确保全球可持续发展，"但是当时并未引起国际社会的反响。到了 1987 年，以挪威首相布伦特兰夫人为首的世界与环境发展委员会发表了报告《我们共同的未来》，第一次明确提出了可持续发展的概念。将可持续发展定义为"既满足当代人的需求，又不危及后代人满足其需求的能力"。① 1992 年，联合国通过了以可持续发展为核心的《里约环境与发展宣言》和《21 世纪议程》，要求世界各国根据本国情况，实施可持续发展战略，这标志着可持续理论开始从理论走向实践。

可持续发展理论主要是协调环境和经济两者的关系。一方面，经济发展离不开生态环境为其提供资源；另一方面，环境保护也离不开经济为其提供物质保障，这是实现经济和生态代内和代际发展的持续性和公平性。可持续发展有三个内涵要求。一是以资源环境为前提，与资源环境承载力相匹配。通过逐步完善和健全的市场机制、技术进步以及政府干预，降低资源环境的消耗速度，使之低于环境补偿的速度，最终实现经济增长与环境承载力相协调。二是以经济增长为保障，与经济发展水平相一致。可持续发展倡导的是经济增长的可持续性，不以牺牲资源和环境为代价，而是要求既能保证经济增长，又不能降低资源环境质量，必须在保证资源环境基础的前提条件下，实现经济利益的最大化。三是以提高生活质量为目的，同社会进步相适应。可持续发展不仅体现在经济层面，更反映在社会层面，只有经济增长的同时社会也实现全面进步，才是真正意义上的发展。总之，可持续发展理论倡导的是一个经济、社会和资源环境相协调发展的机制。在当前中国雾霾频发、经济增长速度放缓的背景下，如何协调环境质量与经济增长的关系，实现可持续发展，

① WCED, eds., *Our Common Future*, Oxford：Oxford University Press，1987.

是亟待解决的重大课题。

二 环境库兹涅茨曲线假说

库兹涅茨曲线是由美国诺贝尔经济学奖得主库兹涅茨于 20 世纪 50 年代提出的。库兹涅茨在研究人均收入与分配公平的问题上发现，随着人均收入的增加，收入分配状况呈现先恶化、后改善的趋势，这种趋势绘制成散点图后，大致呈现倒"U"形的曲线，后人就把这个倒"U"形的曲线命名为库兹涅茨曲线（Kuznets Curve）。到了 1991 年，Grossman 和 Krueger 在研究中发现[①]，环境污染随着收入水平的增加先增加后减少，但由于当时两人沉浸于北美自由贸易区谈判的研究中，并未对这一现象进行更深入的研究。直到 1993 年，Panayotou 借用库兹涅茨曲线模型，首次将环境质量与人均收入之间的关系称为 EKC。[②]

EKC 假说认为，环境污染水平与经济增长之间并不是简单的线性关系，而是先上升后下降的倒"U"形曲线关系。如图 2.13 所示，当一个国家或地区的经济发展处于较低水平时，环境污染的水平也比较低（图 2.13 中第 I 阶段）；而随着经济的快速发展，工业化进程加快，此时，经济发展目标要大大优先于环境质量目标，一些国家和地区甚至宁愿牺牲环境质量换取经济增长，这样一来，导致环境污染逐渐增多，环境质量不断恶化（第 II 阶段）；当经济发展到较高水平时，政府和国民对环境质量提出了更高的要求，政府通过制定和出台严格的环境政策控制企业污染物的排放。此时，环境污染不断减少，环境质量逐渐得到恢复（第 III 阶段）。可见，环境质量随着经济发展水平呈现先恶化再改善的趋势。EKC 假说提出后，大量学者对其进行了理论研究与实

---

① Grossman G. M. and Krueger A. B., "Environmental Impacts of a North American Free Trade Agreement," N. Y. : *National Bureau of Economic Research*, 1991.

② Panayotou T., "Empirical Tests and Policy Analysis of Environmental Degradation at Different Stages of Economic Development", *International Labour Organization*, 1993.

证检验①）。EKC 假说为本书雾霾污染与经济增长关系的研究提供了坚实的理论基础。

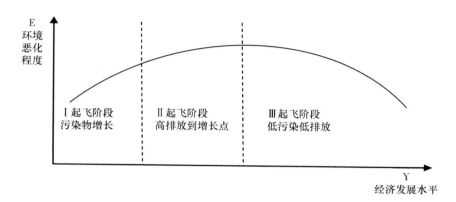

图2.13 EKC

三 外部性理论

新古典经济学派的创始人 Marshall（1890）最早提出了"外部经济"的概念，他认为由于企业外部因素导致了生产费用的增加，产生了"外部不经济"②。在这一概念的基础上，英国著名经济学家 Pigol（1920）③进行了补充和理论上的延伸，并从福利经济学的视角，系统地对外部性问题进行了研究。他认为，当边际私人成本与边际社会成本不相等的时

① Kummer D. M. and Panayotou T.，"Green Markets：The Economics of Sustainable Development"，*The Journal of Asian Studies*，Vol. 52，No. 3，1993；Johnston D.，Lowe R. and Bell M.，"An Exploration of the Technical Feasibility of Achieving Carbon Emission Reductions in Excess of 60% within the UK Housing Stock by the Year 2050"，*Energy Policy*，Vol. 33，No. 13，2005；Treffers D. J.，Faaij A. P. C.，Spakman J. and Seebregts A.，"Exploring the Possibilities for Setting up Sustainable Energy Systems for the Long Term：Two Visions for the Dutch Energy System in 2050"，*Energy Policy*，Vol. 33，No. 13，2005；Shimada K.，Tanaka Y.，Gomi K. and Matsuoka Y.，"Developing a Long-term Local Society Design Methodology Towards a Low-carbon Economy：An Appli Cation to Shiga Prefecture in Japan"，*Energy Policy*，Vol. 35，No. 9，2007；Kee H. L.，Ma H. and Mani M.，"The Effects of Domestic Climate Change Measures on International Competitiveness"，*The World Economy*，Vol. 33，No. 6，2010.

② Marshall A.，eds.，*Principles of Economics*，London：Macmillan，1890.

③ Arthur Cecil Pigol，*The Economics of Welfare*，London：Macmillan，1920.

候，就会产生外部性问题。外部性可以分为正外部性（或外部经济）和负外部性（或外部不经济）。前者指的是经济主体的生产行为或者消费行为给其他主体带来额外的收益却没有获得相应的补偿收益；后者指的是经济主体导致其他主体成本（或是损害）的增加，却没有给予相应的补偿。当边际私人成本与边际社会成本相等的时候，就不存在外部性，这个时候，实现了帕累托优化，即达到了社会资源的最优配置。但事实上，这种情况几乎不存在。

雾霾污染就是一个典型的负外部性。企业在生产的过程中排放了大量废气、粉尘等污染物，这些污染物并不能进入市场交易，并且在一定的气象条件下，容易形成雾霾。雾霾不仅严重威胁着居民的生活与健康，还会给交通安全、农业生产乃至经济发展造成一定程度的影响。尽管生产企业可能从交易中获益，但是从整体后果综合来看，显然很大部分的经济主体受到了利益损失，却没有得到利益的补偿。

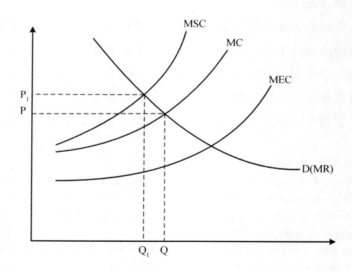

图 2.14　雾霾的负外部性

如图 2.14 所示，当企业按照边际成本（MC）＝边际收益（MR）的利益最大化原则进行生产，此时，企业的生产均衡点为 Q，均衡价格为 P。然而，当企业在生产过程中排放了污染物、形成雾霾时，将对周边生活居民的身心健康造成损害，但是企业并没有对排污的行为和后果做出补偿（付费），即产生了负的外部性，环境的边际成本为 MEC。此时，社会的边际成本应该在原来的边际成本（MC）上再加上环境的边际成本（MEC），也就是 MSC。在交易过程中，只有企业自身从排污行为中获益，其他主体因排污行为受到了损害，因此，社会的总边际收益等于企业的边际收益（MR）。因此，从社会整体来看，生产均衡点应为 MSC 和 MR 的交点，即 Q_1，均衡价格为 P_1。但是企业在获得生产利润的同时，并未对超出社会均衡点的排污量和后果进行补偿，导致其可能加大这种低效率高污染的生产，进而加剧了环境的污染。

四 污染天堂假说

Walter 和 Ugelow（1979）[①] 最早提出了污染天堂假说，经过不断补充和完善，Baumol 和 Wallace（1988）[②] 最终进行了理论上系统的论述，其核心思想是：由于发达国家和欠发达国家的环境政策不一样，致使在不同环境标准下，生产相同产品产生的环境成本并不相同。一般来说，发达国家大多已经经历过"先污染、后治理"的阶段，往往更注重环境保护，因而其环境标准或环境规制相对严格。相反，欠发达国家为了经济发展，往往会降低自身的环境标准，以达到吸引外商投资的目的。因此，在自由贸易的情况下，为了追求利润最大化，很多跨国企业特别是污染密集型的企业往往选择迁移到环境标准较低的欠发达国家，不但可以降低自身的环境成本，而且有利于保护本国的环境。这样导致的结果就是，欠发达国家成了"污染天堂"，或者说成了发达国家高污染企业的"避难所"。因此，"污染天堂假说"又叫"污染避难所假说"。此后，很多国内外学者对这一假说进行了理论补充和实证检验。其中，部分学者持否定意见，并提出了"污染晕轮假说"，该假说认为通过引入外商投资中先进的生产技术和节能环保技术，有利于提高东道国的生产技术水平，进

---

① Walter I. and Ugelow J. L., "Environmental Policies in Developing Countries", *Ambio*, Vol. 8, No. 2/3, 1979.

② Baumol W. J. and Wallace O. E., eds., *The Theory of Environmental Policy*, London: Cambridge University Press, 1988.

一步减少末端污染物的排放，从而提高环境质量。[1][2]

第四节 理论分析框架

一 研究范式

从前文对雾霾的特征分析可知，雾霾存在明显的时空分异。从时间上来看，雾霾多发生于秋冬季节，春夏季则发生频率较少。从空间上来看，雾霾天气主要集中于能源产出地，以及重工业聚集的城市规模较大的地区。此外，雾霾污染不是某一个局部的环境问题，具有显著的空间溢出效应。由此可见，雾霾污染是在某一特定时间（时期）和特定空间（地域）发生的一种现象，具有十分显著的时空属性。因此，利用地理学"时空结合"和"区域整体"的研究视角对城市雾霾进行研究，具有十分独特的优势。[3]

本书对城市雾霾的研究需要思考以下问题：中国及各地区城市雾霾在时序上有什么趋势？空间格局的基本态势是什么？地理位置相邻近的城市，其雾霾污染是否具有相似性？是否存在显著的空间分异？哪些社会经济因素引致了雾霾污染的产生？这些因素对雾霾污染会产生怎样的影响？如何制定针对性且具有区域差异化的减排政策？为了回答上述问题，本书基于地理学时空结合的研究视角，提出了"格局（空间）—过程（时间）—机理（规律）—调控（对策）"的独特研究范式。

二 DPSR 模型框架

依据上述的"格局（空间）—过程（时间）—机理（规律）—调控（对策）"的独特研究范式，本书相应构建了雾霾治理的 DPSR 理论模型

---

① Liang F. H., "Does Foreign Direct Investment Harm the Host Country's Environment? Evidence from China", *Ssrn Electronic Journal*, 2008.

② 郑强、冉光和、邓睿等：《中国 FDI 环境效应的再检验》，《中国人口·资源与环境》2017 年第 4 期。

③ 罗雅丽：《西安市都市农业结构演变及其优化研究》，博士学位论文，西北大学，2018年。

框架。

（一）PSR 模型框架

"压力—状态—响应"（Pressure-State-Response，PSR）模型框架最早是由经济合作与发展组织（OECD）提出来的。如图 2.15 所示，该模型的含义是，由于人类的活动对资源环境施加了压力（P），使得环境状态（S）发生变化，进而导致人类对环境的变化做出一系列积极响应（R），目的是减少环境的破坏，恢复环境质量。该模型建立在可持续发展理论基础上，充分考虑了人类与环境的相互作用与影响，并且注重对问题产生的"原因—结果—对策"的逻辑分析，即是一种强调演变过程的模型框架，因而广泛地被用于生态环境可持续发展及影响评价的研究中。

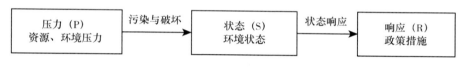

图 2.15　PSR 模型框架

尽管 PSR 模型框架可以有效地解释不同要素之间的影响和作用关系，但是却不能很好地识别压力的驱动来源，导致无法科学地确定系统的完整结构和决策过程。基于此，中国学者左伟等（2002）提出了扩展的 DPSR 模型框架。[①]

（二）DPSR 模型框架

DPSR（Driving Force-Pressure-State-Response）模型框架是对 PSR 模型框架的修正和扩展，由于增加了驱动力（Driving Force）这一概念模块，强调了经济社会导致环境压力和状态变化的驱动机制，因此比较全面地考虑了经济、社会、资源、环境等要素之间的关系，较好地弥补了 PSR 模型框架的缺陷。目前，DPSR 模型框架已广泛地应用于城市化包容

①　左伟、王桥、王文杰、刘建军、杨一鹏：《区域生态安全评价指标与标准研究》，《地理学与国土研究》2002 年第 1 期。

性发展影响因素①、区域河流健康评价②、区域战略环境评价③等生态环境领域，并取得了一些有益的成果。然而，将 DPSR 模型框架用于探究雾霾污染的时空格局变化以及雾霾影响因素的研究中还比较少见。

　　基于此，本书将 DPSR 模型框架与雾霾治理的经济政策相结合，构建 DPSR 逻辑框架，深入分析复杂系统中社会经济与雾霾污染的相互作用关系。如图 2.16 所示：

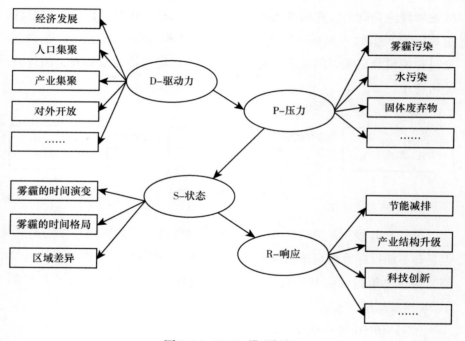

图 2.16　DPSR 模型框架

　　图 2.16 中，驱动力（D）指经济发展、人口集聚、产业集聚、能源

---

　　①　刘耀彬、涂红：《中国新型城市化包容性发展的区域差异影响因素分析》，《地域研究与开发》2015 年第 5 期。

　　②　刘苗苗、赵鑫涯、毕军、马宗伟：《基于 DPSR 模型的区域河流健康综合评价指标体系研究》，《环境科学学报》2019 年第 10 期。

　　③　顾玉娇：《基于 DPSR 的战略环境评价指标体系构建及实证》，硕士学位论文，复旦大学，2010 年。

消耗、科技创新、对外开放等导致雾霾污染的社会经济驱动因素；压力（P）指的是上述社会经济活动对环境产生的压力，包括资源的消耗和雾霾等各种污染物的排放，以及生态环境的破坏和恶化；状态（S）指生态环境当前的状态及变化趋势等，在本研究中指的是雾霾污染的时空格局及演变趋势等；响应（R）指针对雾霾污染状态的改变，人类社会经济系统做出的政策行动响应，包括产业结构升级、技术创新、环保投入、节能减排等治理措施。

DPSR 模型框架的作用机理是：社会发展和经济增长等因素作为驱动力作用于环境，产生了雾霾污染，进而引起生态环境的变化，即雾霾污染呈现时间上的演变趋势和空间上的格局分布，这些变化趋势进一步促使人类采取一系列节能减排的响应措施，最终构成了社会经济系统与生态环境系统的"驱动力—压力—状态—响应"逻辑关系。其中，驱动力（D）与响应（R）对应的是经济社会的子系统，是行为的主体，压力（P）和状态（S）对应的是生态环境的子系统，是行为的客体。

三　影响机理与研究假设

本部分就社会经济因素对雾霾污染的影响机理进行分析。通过梳理与总结经典理论和现有文献，可以定性地归纳出社会经济因素对雾霾污染的影响机理。即经济增长可以通过人口集聚、产业集聚、能源消耗、科技创新、对外开放等渠道影响雾霾污染。影响机理如图 2.17 所示。

随着经济增长，城市化的进程和步伐逐渐加快，城市化人口迅速集聚。当前，关于人口集聚影响雾霾污染的研究主要有两种观点。第一种观点认为，人口集聚通过规模效应产生负外部性，从而加剧雾霾污染。如王兴杰等（2015）学者以第一阶段实施新空气质量标准的 74 个城市为研究对象，发现人口聚集导致雾霾污染短时间内在区域内大量并且集中地排放，超过了环境容量的阈值，这是造成城市雾霾污染的根本原因。[①]此外，人口集聚区相较疏散区会有更大的住房、用电和机动车需求，这

---

① 王兴杰、谢高地、岳书平：《经济增长和人口集聚对城市环境空气质量的影响及区域分异——以第一阶段实施新空气质量标准的 74 个城市为例》，《经济地理》2015 年第 2 期。

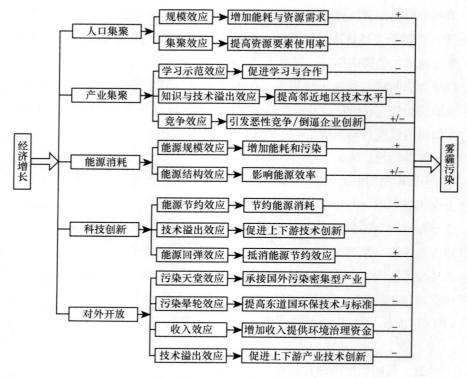

图 2.17　社会经济对雾霾污染的影响机理

注：图 2.17 中"+"代表加剧（雾霾污染），"-"代表缓解（雾霾污染）。

些都会导致大气污染，并且污染物在人口密度高的城市更不易于扩散，间接地恶化了空气质量。此时，人口集聚区的负外部性为主导的离心力发挥作用，并在"虹吸效应"的作用下，集聚区与外围地区的"中心—外围结构"逐渐形成。[①] 由于集聚区在一定时期内，环境及资源的承载能力是有一定限度的，一旦超过阈值，过度的集聚可能反过来导致集聚不经济，进而加剧区域的雾霾污染。第二种观点认为，人口集聚通过集聚效应产生正外部性，有利于缓解雾霾污染。在城市化进程中，人口集聚在向心力的作用下，各种丰富的人力、物质等资源逐渐集聚，并流向集聚区，在此过程中，集聚区的知识与技术可以有效传播与分享，创新能

---

① 袁晓玲、李朝鹏、方恺：《中国城镇化进程中的空气污染研究回顾与展望》，《经济学动态》2019 年第 5 期。

力与潜力不断提升，这些积极因素都有利于改善环境，缓解环境污染；与此同时，人口集聚较强的地区还可以通过共同分担公共交通、共享治污减排设施等途径提高资源和能源的使用效率，发挥集聚效应的正外部性，从而减少雾霾污染的排放。

关于产业集聚与雾霾污染的研究。许多经典理论如集聚经济理论、产业组织理论、交易费用理论以及创新理论等都从不同的学术视角得出了一致的观点，即产业集聚可以促进技术创新和知识溢出，具有正外部性，有助于提升环境质量，改善环境污染。[①] 一方面，产业集聚较高的地区可以给邻近地区起到良好的示范和带动作用[②]，促进邻近地区的学习和合作，进而产生"示范效应"，以及知识与环保技术的溢出效应，减少雾霾等环境污染。同时，产业集聚通过价格和竞争机制促进资源的有效配置与共享，有助于降低生产成本，提高能源利用效率，进而促进产业结构优化升级，最终实现节能减排。[③][④] 另一方面，产业集聚会吸引大量集聚区外的企业进入，导致本地市场竞争更加激烈，倒逼集聚区内的企业加强管理与技术创新，促进知识溢出；同时低端企业及产业链因为较高的产业壁垒无法进入集聚区内，间接地促进雾霾污染的减排。但是，也有一些研究认为，产业集聚会引发"逐底竞争"[⑤]，从而加剧环境污染。产业集聚区随着经济增长不断趋于成熟，此时，集聚初期阶段形成的低端产业链因为丧失竞争优势不得不退出集聚区，而邻近地区为了自身的经济利益，往往不顾环境质量，降低环境门槛，吸收从集聚区淘汰的低端产业，导致邻近地区的环境污染恶化。此外，产业集聚可能

---

① 杨嵘、郭欣欣、王杰等：《产业集聚与雾霾污染的门槛效应研究——以我国73个PM2.5重点监测城市为例》，《科技管理研究》2018年第1期。

② 刘耀彬、袁华锡、封亦代：《产业集聚减排效应的空间溢出与门槛特征》，《数理统计与管理》2018年第2期。

③ 原毅军、谢荣辉：《环境规制的产业结构调整效应研究：基于中国省际面板数据的实证检验》，《中国工业经济》2014年第8期。

④ 李粉、孙祥栋、张亮亮：《产业集聚、技术创新与环境污染：基于中国工业行业面板数据的实证分析》，《技术经济》2017年第3期。

⑤ Esty D. C. and Dua A.，"Sustaining the Asia Pacific Miracle: Environmental Protection and Economic Integration"，*Asia Pacific Journal of Environmental Law*，Vol. 3，No. 1，1997.

会造成人口集聚，导致对区域资源及能耗的增加；还可能造成企业规模的过度扩张，引发企业在生产与产品市场上进行恶性竞争，也会加剧雾霾污染。

关于能源消费与雾霾污染的研究。国内外学者普遍认为，以煤炭为主的能源消费是造成空气污染的罪魁祸首。能源消费对雾霾污染的影响可以分为能源规模效应和能源结构效应。目前，众多学者通过研究证实了能源规模效应增加了污染物排放。如张文静（2016）研究了能源消费与大气污染的互动关系，结果发现能源的大规模消费是导致大气污染的根本原因。① 更多的学者认为，能源消费结构中的一次性能源占比是影响雾霾污染的关键因素，如马丽梅、张晓（2014）研究发现能源结构的变动与 PM2.5 浓度变动密切相关，尤其是煤炭的消费是导致中国雾霾污染的重要原因②，因此，优化能源消费结构是雾霾治理的有效途径。还有学者研究发现，能源消费对雾霾污染的影响取决于能源消费规模与能源消费结构多样化的共同作用。③ 东童童等（2019）认为，能源消费规模对雾霾污染有正向影响，以煤炭、汽油、电力为主的能源消费结构会加剧雾霾污染，并且煤炭单位消费量导致的雾霾污染程度要小于汽油及电力消费的影响程度。④ 但随着经济的发展，技术进步可能会促使能源消费模式从粗放型向集约型转变，此时，能源结构更加多样化，新能源和清洁能源的开发使用将逐渐替代煤炭和石化能源的份额，从而减少污染的排放，缓解雾霾污染。

科技创新对雾霾污染的影响机制主要包括能源节约效应、技术外溢效应和能源回弹效应。第一，科技创新通过能源节约效应产生正外部性，

---

① 张文静：《大气污染与能源消费、经济增长的关系研究》，《中国人口·资源与环境》2016 年第 2 期。

② 马丽梅、张晓：《中国雾霾污染的空间效应及经济、能源结构影响》，《中国工业经济》2014 年第 4 期。

③ 东童童、邓世成：《能源消费结构多样化与区域性雾霾污染——来自长江经济带的经验研究》，《消费经济》2019 年第 5 期。

④ 东童童、邓世成：《能源消费结构多样化与区域性雾霾污染——来自长江经济带的经验研究》，《消费经济》2019 年第 5 期。

有利于缓解雾霾污染。这一点已被国内外专家学者普遍证实①②③。在科学技术的推动下，企业能够提高单位能源的效率、效用以及生产效率，减少单位产出的石化能源消耗量，从而节约能源消耗，减少雾霾排放。第二，科技创新可以促进新技术的研发，有利于减少生产末端污染物的排放，并通过技术溢出效应促进产品上下游技术及工艺的创新，进一步实现环境质量的提升，减少雾霾污染。如张小波、王建州（2019）通过建立全要素能源效率对中国雾霾污染影响的空间杜宾模型，发现技术进步和技术效率对雾霾的负向效应十分显著，并且间接（溢出）效应明显大于直接效应，充分体现了技术外溢效应促进了雾霾污染的减排。④ 第三，科技创新通过能源回弹效应抵消了能源节约效应的正外部性，影响了雾霾减排的效果。在这种情形下，科技创新尽管提高了单位能源的效率和效用，但同时也造成了能源价格的降低以及生产效率的提高，这样一来，促进了经济的增长，进一步又产生了新的能源需求，最终的结果是能效的改进和提高带来的能源节约效应又被额外的能源消费部分抵消甚至完全抵消⑤⑥，降低了雾霾污染的减排效果。

现有的研究中，对外开放影响雾霾污染主要有两种机制。第一种是FDI 通过"污染天堂"效应加剧东道国的雾霾污染。这种观点认为，跨国企业为了追求自身的经济利益最大化，同时保护本国的环境质量，将污染密集型产业转移到环境标准较低，并且环境成本也较低的欠发达国家（东道国），导致东道国成为发达国家的"污染天堂"，污染物的排放

---

① Lindmark M.,"An EKC-Pattern in Historical Perspective: Carbon Dioxide Emissions, Technology, Fuel Prices and Growth in Sweden 1870 – 1997", Ecological Economics, Vol. 42, No. 1, 2002.

② 刘伯龙、袁晓玲、张占军：《城镇化推进对雾霾污染的影响——基于中国省级动态面板数据的经验分析》，《城市发展研究》2015 年第 9 期。

③ 李欣、曹建华、孙星：《空间视角下城市化对雾霾污染的影响分析——以长三角区域为例》，《环境经济研究》2017 年第 2 期。

④ 张小波、王建州：《中国区域能源效率对霾污染的空间效应——基于空间杜宾模型的实证分析》，《中国环境科学》2019 年第 4 期。

⑤ 邵帅、杨莉莉、黄涛：《能源回弹效应的理论模型与中国经验》，《经济研究》2013 年第 2 期。

⑥ 沈丽、鲍建慧：《中国金融发展的分布动态演进：1978—2008 年——基于非参数估计方法的实证研究》，《数量经济技术经济研究》2013 年第 5 期。

恶化了东道国的环境质量，加剧了雾霾污染。如严雅雪和齐绍洲（2017）通过建立静态和动态的空间面板模型，分析了外商直接投资与中国雾霾污染的关系，结果发现由于中国作为全球价值链中生产端重要的组成部分，承接了国外大量高污染和高耗能的制造业，导致 FDI 存量和 FDI 流量均对雾霾产生了促增效应。① 与之相反的第二种观点认为，外商直接投资可以通过收入效应、"污染晕轮效应"和技术溢出效应实现对雾霾污染的减排作用。② 首先，通过外商直接投资，东道国扩大了生产规模，也增加了收入与利润，这些资金可以为雾霾等环境污染的治理提供支持。其次，依据产品生命周期理论，外资企业的产品或工艺在生命周期的后期已经成熟，一些先进和环保的产品及工艺在生产转移的过程中，可以通过"污染晕轮效应"和技术外溢效应促进东道国环保技术的提高。如 Grossman 等（1994）研究发现 FDI 可以通过技术外溢提升区域集聚水平，从而促进环境质量的改善，减少环境污染。③ 许和连、邓玉萍（2012）利用空间计量模型证实了外商直接投资在地理上的集群能够产生"污染晕轮效应"，有助于改善中国的大气污染。④

从上述分析可以进一步发现，人口集聚、产业集聚、能源消耗、科技创新、对外开放等社会经济因素不仅会影响本地的雾霾污染，还可能影响邻近地区的雾霾污染。以产业集聚为例，本地产业集聚有助于带动邻近地区，起到良好的引领及示范作用。邻近地区在本地知识与技术溢出效应的影响下，开始不断地学习和模仿本地集聚的先进制度与环保技术，从而提高自身的技术水平，促进雾霾污染的减排。此外，区域间产生的竞争关系也会导致邻近地区积极加入到产业集聚活动中，促进新一轮产业集聚的形成，从而改善环境质量。类似地，其他社会经济因素也

---

① 严雅雪、齐绍洲：《外商直接投资与中国雾霾污染》，《统计研究》2017 年第 5 期。

② 邵帅、李欣、曹建华等：《中国雾霾污染治理的经济政策选择——基于空间溢出效应的视角》，《经济研究》2016 年第 9 期。

③ Grossman G. M. and Krueger A. B., "Economic Growth and the Environment", *Quarterly Journal of Economics*, Vol. 110, No. 2, 1994.

④ 许和连、邓玉萍：《外商直接投资导致了中国的环境污染吗？——基于中国省际面板数据的空间计量研究》，《管理世界》2012 年第 2 期。

可以间接地改善或者加剧邻近地区的雾霾污染。因此，本书提出以下假设：

假设1：社会经济因素对雾霾污染存在空间溢出效应。

此外，从图2.17中不难看出，人口集聚、产业集聚、能源消耗、科技创新、对外开放等社会经济因素对雾霾污染的影响实质在于它们的外部性。当上述因素的正外部性大于负外部性时，此时，人口的集聚效应、产业集聚的学习示范效应、知识与技术溢出效应、能源结构效应、科技创新的技术溢出效应与能源节约效益、对外开放的污染晕轮效应、收入效应和技术溢出效应等对雾霾污染的减排效应得以发挥，因此有利于减少雾霾污染，提高环境质量。反之，当上述因素的负外部性大于正外部性时，人口集聚、产业集聚、能源消耗、科技创新、对外开放可能会加剧雾霾污染。而当正外部性和负外部性达到均衡时，社会经济因素对雾霾污染可能无明显的冲击。由此可见，社会经济因素与雾霾污染之间可能是一个非线性的冲击过程。

假设2：社会经济因素对雾霾污染存在非线性的影响。

本书将在第五章和第六章中分别对上述两个假设进行实证检验。

第五节　本章小结

本章首先介绍了雾霾的定义、雾霾的特征以及经济增长的概念。然后，分别以Web of Science和CNKI数据库1999—2019年雾霾与社会经济关系为主题的文献为研究对象，运用CiteSpace软件分析了国内外该领域的文献分布、作者发文、研究机构、研究主题和热点趋势，整体描绘了该领域的国内外研究情况，为中国雾霾治理和学者深入研究提供借鉴和参考。接着，介绍了可持续发展理论、环境库兹涅茨曲线假说、外部性理论和"污染天堂"假说，为本书提供了理论基础。进一步地，依据"格局—过程—机理—调控"的研究范式，构建了雾霾治理的"驱动力—压力—状态—响应"DPSR理论模型框架。在该框架下，深入分析了社会经济因素对雾霾污染的影响机理，并提出了本书的两个研究假设，为后文的统计分析及实证检验奠定了坚实的理论基础。

第 三 章

中国城市雾霾的时间演进分析

通过前文的文献及理论分析可知，国内外学者分别从多个角度对雾霾污染进行了研究，并取得了较为丰硕的成果。但从系统论和科学发展观的要求来看，现有研究还存在以下不足：一是囿于数据搜寻的困难，已有研究大多仅探讨了个别年份或随季、月、日变化的规律，研究的时间序列比较短，不足以体现中国雾霾污染时间演变的整体规律。二是大部分学者是以雾霾污染较为严重的单个城市、省份或城市群作为研究样本，而从区域差异角度对中国城市雾霾污染进行定量测算，剖析其时空差异与动态演进的研究相对缺乏，因此难以揭示中国雾霾污染的区域差异问题与动态演变过程。基于此，本书将从区域差异角度对中国城市雾霾进行定量测算，剖析其时空差异与动态演进，为区域雾霾联防联控治理和政策制定提供科学依据和有效参考。本章先从时间维度出发，考察中国整体及各地区雾霾的变化规律与动态演进。

第一节　研究区域与数据来源

城市是雾霾污染的重灾区[①]，因此，本书选择中国 225 个地级及以上城市为研究区域（因数据缺失，不包括西藏、香港、澳门和台湾）。考虑到城市雾霾的主要污染物为 PM2.5，其浓度大约占总悬浮颗粒物的

---

① 刘华军、裴延峰：《我国雾霾污染的环境库兹涅茨曲线检验》，《统计研究》2017 年第 3 期。

56.7%—75.4%①，因此，本书使用年均 PM2.5 浓度值代表城市雾霾。现有研究 PM2.5 浓度的数据来源一般有两种，一种来源于各个地区的监测站点；另一种源自利用卫星遥感技术反演得到的数据。由于中国国家环境保护部于 2012 年才开始推行试点将 PM2.5 浓度作为日常环境监测指标，可供研究的年份和城市有限，难以系统全面地考察中国城市雾霾污染时空分布的差异现象以及动态演进过程。因此，本书采用哥伦比亚大学社会经济数据和应用中心公布的、卫星监测得到的 PM2.5 浓度栅格数据②。该数据已被众多学者③④⑤验证，可适用于国家尺度的 PM2.5 研究。本书利用 ArcGIS 软件，进一步将其解析为 1998—2016 年中国 225 个地级及以上城市 PM2.5 浓度数据。尽管卫星监测遥感的数据在气象等条件的影响下，其精度可能略低于地面实时监测的数据，但是，作为面源数据，它可以全貌性地反映一个地区 PM2.5 的浓度及其变化趋势，因而可用于中国雾霾的研究工作。

第二节　中国城市雾霾的年际变化特征

为了更好地从时间序列上判断中国雾霾污染的整体趋势，将中国 225 个城市 PM2.5 浓度年均值的算术平均数作为全国城市雾霾浓度的年均值，对上述年均值进行描述性统计（见表 3.1），并绘制 1998—2016 年全国城市 PM2.5 浓度年均值的时序变化规律图（见图 3.1）。

①　孙攀、吴玉鸣、鲍曙明等：《经济增长与雾霾污染治理：空间环境库兹涅茨曲线检验》，《南方经济》2019 年第 12 期。

②　Van Donkelaar A., Martin R. V., Brauer M., et al., "Use of Satellite Observations for Long-Term Exposure Assessment of Global Concentrations of Fine Particulate Matter", *Environmental Health Perspectives*, No. 123, 2015.

③　Lee S. J., Serre M., Van Donkelaar A., et al., "Comparison of Geostatistical Interpolation and Remote Sensing Techniques for Estimating Long-Term Exposure to Ambient PM2.5 Concentrations across the Continental United States", *Environmental Health Perspectives*, Vol. 120, No. 12, 2012.

④　De Sherbinin A., Levy M. A., Zell E., et al., "Using Satellite Data to Develop Environmental Indicators", *Environmental Research Letters*, Vol. 9, No. 8, 2014.

⑤　卢德彬：《中国 PM2.5 的时空变化与土地利用关系的实证研究》，博士学位论文，华东师范大学，2018 年。

表 3.1　　　　　　　　　　中国城市 PM2.5 浓度描述性统计

年份	平均值	标准差	最大值	最小值	最大值省市	最小值省市
1998	22.86	8.64	46.25	7.50	沧州（河北）	乌海（内蒙古）
1999	25.48	11.05	61.13	4.88	内江（四川）	包头（内蒙古）
2000	24.22	11.55	62.32	4.87	濮阳（河南）	包头（内蒙古）
2001	29.42	12.27	71.17	7.62	廊坊（河北）	黑河（黑龙江）
2002	30.62	12.42	63.69	8.08	沧州（河北）	包头（内蒙古）
2003	35.79	15.13	75.97	9.60	衡水（河北）	克拉玛依（新疆）
2004	32.76	12.74	66.51	7.00	沧州（河北）	包头（内蒙古）
2005	38.62	15.18	72.70	8.44	德州（山东）	包头（内蒙古）
2006	40.66	17.55	90.86	9.37	沧州（河北）	包头（内蒙古）
2007	42.33	18.68	86.73	8.73	衡水（河北）	克拉玛依（新疆）
2008	40.02	15.87	76.35	9.63	廊坊（河北）	嘉峪关（甘肃）
2009	39.48	15.60	79.29	10.23	廊坊（河北）	克拉玛依（新疆）
2010	39.45	16.33	74.81	9.18	德州（山东）	嘉峪关（甘肃）
2011	37.15	15.35	74.46	8.11	廊坊（河北）	包头（内蒙古）
2012	34.97	14.33	69.96	8.15	德州（山东）	嘉峪关（甘肃）
2013	40.26	17.67	86.48	9.95	衡水（河北）	包头（内蒙古）
2014	38.56	15.56	74.49	8.09	廊坊（河北）	包头（内蒙古）
2015	39.65	17.75	79.23	7.10	廊坊（河北）	嘉峪关（甘肃）
2016	35.61	16.34	80.38	9.93	德州（山东）	嘉峪关（甘肃）

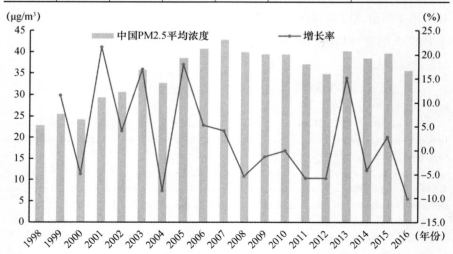

图 3.1　中国城市 PM2.5 浓度年均值时序变化规律

一 全国城市雾霾时序变化规律

由表 3.1 和图 3.1 可知，1998—2016 年中国城市雾霾呈现波动变化的趋势，PM2.5 浓度平均值为 35.15μg/m³。根据变化趋势，大致可分为三个阶段。（1）第一阶段（1998—2007 年）：该阶段 PM2.5 浓度呈现波动上升的变化趋势，2007 年达到峰值，年均增长 1.95μg/m³。（2）第二阶段（2008—2012 年）：该阶段 PM2.5 浓度整体呈现波动下降的变化趋势，2012 年达到最低，年均下降 1.01μg/m³。主要原因可能有两方面，一是与 2008 年北京奥运会的举办有关[①]，在此期间，政府加强了对大气污染的防治，并关停了部分污染企业；二是国务院发布了若干项防治大气污染的重要指示文件，如 2010 年的《关于推进大气污染联防联控工作改善区域空气质量的指导意见》和 2012 年新修订的《环境空气质量标准》（GB3095—2012）等，上述政策措施取得了较显著的成效。③第三阶段（2013—2016 年）：2013 年 PM2.5 浓度剧增，较上一年增加 15%，导致中东部地区发生了两次较大范围的区域性雾霾污染，一时间引起了全民的广泛关注。在此背景下，国务院发布《大气污染防治行动计划》，制定并落实了一系列治理雾霾措施。经过不断努力，2013—2016 年中国 PM2.5 浓度有所下降，2016 年下降到 35.61μg/m³，空气质量有较明显的改善。

标准差在一定程度上能够反映全国 PM2.5 浓度的波动情况。从表 3.1 的标准差来看，各城市间雾霾污染的波动程度表现为先增大后缩小的趋势，这种波动程度可以从最大值与最小值的差距上体现出来。根据历年 PM2.5 浓度最大值与最小值来看，沧州、廊坊、衡水等城市多年高居雾霾污染最严重城市榜首，其中，2006 年沧州 PM2.5 浓度为 90.86μg/m³，是 19 年内雾霾污染最严重的年份与城市。而包头、嘉峪关、克拉玛依等城市在地理位置、气候、经济等因素的影响下 PM2.5 浓度最小，属于全国范围内空气质量最好的几座城市。

---

① 郑保利、梁流涛、李明明：《1998—2016 年中国地级以上城市 PM2.5 污染时空格局》，《中国环境科学》2019 年第 5 期。

值得注意的是，虽然 PM2.5 浓度有所波动，并在最近几年有所下降，但在这 19 年间，中国城市 PM2.5 浓度值最低为 $22.86\mu g/m^3$，仍超出了世界卫生组织（WHO）建议的安全水平（见表 3.2）。此外，根据中国 2016 年正式实施的《环境空气质量标准》（GB3095—2012）的有关规定，除了 1998—2001 年、2004 年和 2012 年 PM2.5 浓度均低于年均限值 $35\mu g/m^3$ 外，其余年份均超过年均限值，由此可见，中国的雾霾治理依然任重道远。

表 3.2　　　　世界卫生组织和中国所制定的 PM2.5 浓度标准值　单位：$\mu g/m^3$

世界卫生组织（WHO）2005 年《空气质量准则》			中国 2016 年《环境空气质量标准》（GB3095—2012）		
类别	年均值	日均值	类别	年均值	日均值
准则值	10	25	准则值	35	75
过渡期目标 1	35	75	—	—	—
过渡期目标 2	25	50	—	—	—
过渡期目标 3	15	37.5	—	—	—

二　各地区城市雾霾时序变化规律

为了进一步辨析中国各地区雾霾污染的变化趋势，依据国家统计局（2011 年）的划分方法，将中国分为东部、中部、西部和东北地区，并将相应的城市归并到相应区域中。其中，东部地区包括北京、天津、河北、上海、江苏、浙江、福建、山东、广东、海南 10 个省（市）；中部地区包括山西、安徽、江西、河南、湖北、湖南 6 个省；西部地区包括内蒙古、广西、重庆、四川、贵州、云南、西藏（数据缺失）、陕西、甘肃、青海、宁夏、新疆 12 个省（自治区、市）；东北地区包括辽宁、吉林、黑龙江 3 个省。本书将东部、中部、西部和东北地区 PM2.5 浓度年均值的算术平均数作为上述地区 PM2.5 浓度的年均值[1]，得到 1998—2016 年中

① Xiong Huanhuan, Lingyu Lan, Longwu Liang, et al., "Spatiotemporal Differences and Dynamic Evolution of PM2.5 Pollution in China", *Sustainability*, No. 12, 2020.

国四大区域的 PM2.5 平均值分别为 39.55μg/m³、41.74μg/m³、25.51μg/m³ 和 26.91μg/m³。从图 3.2 可以看出，东部地区和中部地区的年均 PM2.5 都超过了全国的平均水平（35.15μg/m³），中部地区 PM2.5 年均值最高，雾霾污染最为严重，东部地区紧随其后，西部地区的 PM2.5 年均值最低。

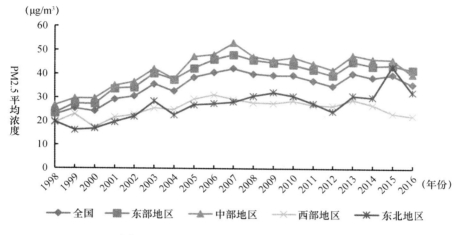

图 3.2　各地区城市 PM2.5 浓度变化趋势

依据世界卫生组织（2005 年）以及中国《环境空气质量标准》（GB3095—2012）所制定的 PM2.5 浓度标准值（见表 3.2），将 PM2.5 年均值划分为 5 个等级（<10μg/m³，10—15μg/m³，15—25μg/m³，25—35μg/m³，>35μg/m³），并对中国及东部、中部、西部及东北地区的 PM2.5 浓度进行分类统计，最终计算出各级浓度所占百分比[①]，见图 3.3 和图 3.4。

由图 3.3 可知，1998—2016 年 PM2.5 浓度小于 10μg/m³ 城市个数占全国城市总数的 0—7.11%，占比最大的在 1999 年，2002 年之后几乎没有城市出现过 PM2.5 浓度小于 10μg/m³ 的情况；PM2.5 浓度在 10—15μg/m³ 的城市个数占比为 2.67%—16.44%，占比最大的在 2000 年，最小的在 2013 年；PM2.5 浓度为 15—25μg/m³ 的城市个数占比为

---

① 卢德彬、毛婉柳、杨东阳等：《基于多源遥感数据的中国 PM2.5 变化趋势与影响因素分析》，《长江流域资源与环境》2019 年第 3 期。

13.33%—47.11%，占比最大的在 1998 年，最小的在 2007 年；PM2.5 浓度在 25—35μg/m³ 的城市个数占比为 18.67%—30.22%，占比最大的在 2003 年，最小的在 2007 年；PM2.5 浓度大于 35μg/m³ 的城市个数占比为 11.11%—62.22%，占比最大的在 2007 年，最小的在 1998 年。从图 3.3 中可以看出，PM2.5 小于 35μg/m³ 主要分布在东北地区和西部地区，而 PM2.5 大于 35μg/m³ 的区域集中在东部地区及中部地区，中部地区最为明显，可见中部地区雾霾污染最为严重。

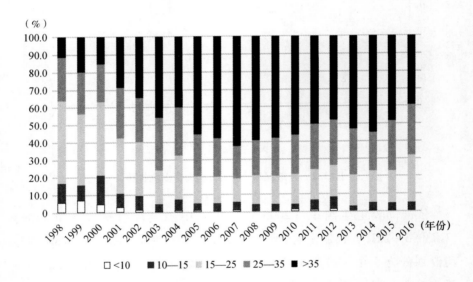

图 3.3　全国城市 PM2.5 年均值分级百分比

1998—2016 年，中国 PM2.5 浓度主要在 10—35μg/m³，占全国城市数的 40%—80%。11.11%—47.11% 的城市 PM2.5 浓度达到中国《环境空气质量标准》（GB3095—2012）二级限值（年均 35μg/m³）要求，仅仅不到 7.11% 的城市 PM2.5 浓度达到世界卫生组织（WHO）10μg/m³ 的准则值。另外，空气质量优良的城市（PM2.5 < 10μg/m³）占比逐年变少，空气质量一般的城市（10μg/m³ < PM2.5 < 35μg/m³）占比先减少后增加，空气质量较差的城市（PM2.5 > 35μg/m³）占比先增加后减少。

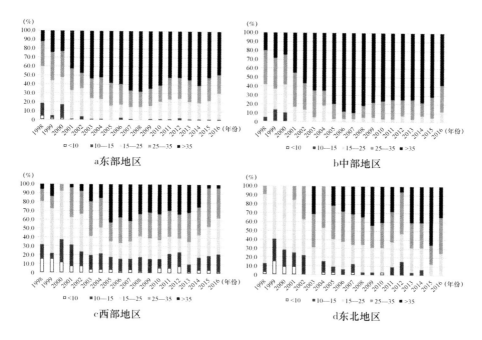

图 3.4 各地区城市 PM2.5 年均值分级百分比

第三节 中国城市雾霾的线性变化趋势

通过计算 1998—2016 年 PM2.5 距平值，与对应年份进行线性拟合，可以得到全国和东部、中部、西部及东北地区城市雾霾的线性变化趋势情况，见图 3.5 与图 3.6。从图中可以发现，1998—2016 年，中国 PM2.5 浓度总体呈上升的趋势，线性上升速率为 0.7753 $\mu g/m^3/$ 年。不仅如此，全国四个区域 PM2.5 浓度均呈上升趋势，线性上升速率分别为东北地区（0.9400 $\mu g/m^3/$ 年）> 东部地区（0.9338 $\mu g/m^3/$ 年）> 中部地区（0.8775 $\mu g/m^3/$ 年）> 西部地区（0.3039 $\mu g/m^3/$ 年）。以 3 年移动平均表现来看，1998—2004 年一直为负平距，2005 年开始转为正平距，之后一直保持正平距。全国 PM2.5 浓度变化表现为先上升后下降，到 2013 年再次上升，于 2016 年又下降的趋势。其下降的主要推动力在于中部地区和东部地区的减速影响，尽管这两个地区污染比较严重，但近些年

PM2.5 浓度下降明显，这与近些年来开展的环境保护与治理政策是相一致的。

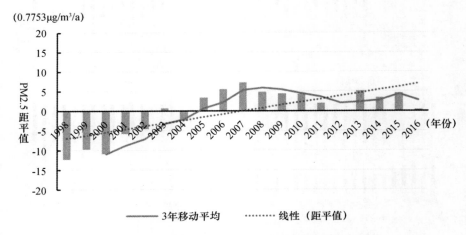

图 3.5　全国城市 PM2.5 线性变化趋势

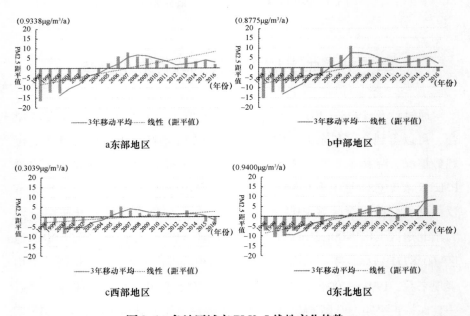

图 3.6　各地区城市 PM2.5 线性变化趋势

值得说明的是，通过上述 PM2.5 距平序列以及对应的 3 年移动平均趋势图不难发现，中国的雾霾污染并不是单调的线性上升或线性下降，而是表现出非线性的波动趋势，体现了雾霾污染具有非线性的特点。

第四节　中国城市雾霾的日度、月度和季度变化规律

由于中国 2013 年才开始逐渐公布全国各个城市的 PM2.5 浓度值，最先公布的是全国 74 个重点城市的 PM2.5 监测数据，2014 年开始公布全国 190 个大中城市的 PM2.5 监测数据。为了更好地分析 PM2.5 浓度的日度、月度和季度差异，本书搜集并整理了 2014 年中国 190 个城市的 945 个监测点的 PM2.5 浓度监测值，数据来源于 2014 年中国环境监测总站实时发布的城市空气质量监测数据。作为对卫星遥感技术反演得到的数据有益补充，PM2.5 监测数据丰富了本书的研究数据类型，并且可以弥补遥感反演数据无法反映更高时间分辨率的缺陷，因而能更精细地分析中国城市 PM2.5 浓度的日度、月度和季度变化规律。

监测点运用 Thermo Fisher 1405F 来观测 PM2.5 浓度，其原理是以恒定的速率切割环境空气中的 PM2.5，使用滤膜动态测量系统以及微量振荡天平法测量 PM2.5 浓度。根据《环境空气质量标准》（GB3095—2012）对大气污染物浓度数据的有效性要求，参考王振波等的文章[①]，本书按照有效性要求对 PM2.5 数据进行了筛选。因城市监测点的数量和日数据时间点各异，本书对数据进行平均值处理，从而得到 2014 年 190 个城市日均 PM2.5 浓度值。根据 GB3095—2012，本书将全国城市视为二类环境功能区[②]，即居住区、商业交通居民混合区、文化区、工业区和农村地区，PM2.5 浓度年均、日均限值分别为 35μg/m³ 和 75μg/m³。"日平均值"指一个自然日 24h 平均浓度的算术平均值，"月平均值"指一个日历月内各

[①]　王振波、方创琳、许光等：《2014 年中国城市 PM2.5 浓度的时空变化规律》，《地理学报》2015 年第 11 期。

[②]　熊欢欢、梁龙武、曾赠等：《中国城市 PM2.5 时空分布的动态比较分析》，《资源科学》2017 年第 1 期。

日平均浓度的算术平均值，"季平均值"指一个日历季内各日平均浓度的算数平均值，"年平均值"指一个日历年内各日平均浓度的算数平均值①；春季为3—5月，夏季为6—8月，秋季为9—11月，冬季为12月、1月、2月。本书做出2014年中国190个城市PM2.5浓度时间变化规律图（见图3.7），具体分析如下。

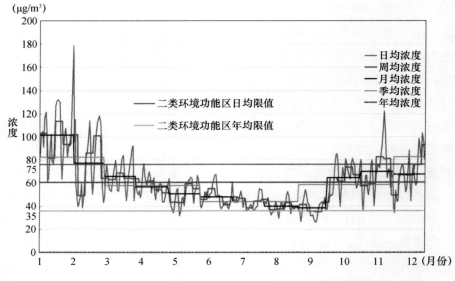

图3.7　2014年中国190个地级市PM2.5浓度时间变化规律

1. 日均值具有周期性波浪形变化规律

中国地级市PM2.5日均浓度的演变规律呈周期性波浪形。其中，春、冬季节波动周期相对较短，夏、秋季节波动周期相对较长。从图3.7可以看出，2014年PM2.5日均浓度整体上具有"冬高夏低、春秋居中"的"V"形演变特征。日均浓度最高值出现在1月（178.36μg/m³），最低值出现在9月（26.05μg/m³）。

① 国家环境保护部：《中华人民共和国国家环境保护标准（GB3095—2012）、环境空气质量标准（试行）》，http://www.mee.gov.cn/gkml/hbb/bwj/201203/t20120302_224147.htm。

2. 月均值大致呈现倒"N"形变化规律

中国地级市 PM2.5 月均浓度的演变规律为倒"N"起伏型。如图 3.7 所示，1—9 月呈现下降趋势，9—11 月呈现上升趋势，11—12 月呈现下降趋势。其中 1 月 PM2.5 浓度最高，为 101.44μg/m³；2 月平均浓度为 77.21μg/m³，仅有 1 月和 2 月平均浓度超过 75μg/m³ 日均限值。9 月 PM2.5 月均浓度最低，为 38.15μg/m³，超过了 35μg/m³ 年均限值。3 月、10—12 月平均浓度在 60—70μg/m³ 区间，4—9 月平均浓度在 38—57μg/m³ 区间。因此可以得出，4—9 月是中国地级城市全年空气质量优良时段。从总体上来看，地级市雾霾污染具有"高值较低，低值较高"的特征。

3. 季均值呈现"V"形变化规律

中国地级市 PM2.5 季均浓度变化规律为"冬高夏低、春秋居中"。这主要是由于中国大气污染物的排放强度和扩散条件均具有显著的季节变化特征造成的。中国北方地区冬季通常采用燃煤取暖，这加剧了区域的雾霾污染，促使 PM2.5 浓度剧增，高值区域遍布长江以北地区，京津冀城市群的污染则更为严峻。从搜集和整理的数据来看，2014 年冬季 PM2.5 平均浓度最高，为 82.54μg/m³，夏季 PM2.5 平均浓度为 43.85μg/m³；春秋季 PM2.5 浓度均值分别为 57.62μg/m³ 和 58.40μg/m³，体现了雾霾的季节差异。

第五节　中国城市雾霾的动态演进

一　Kernel 密度估计

Kernel 密度估计是一种较成熟的研究经济变量不均衡分布的非参数估计方法，在经济学、社会学等研究领域中应用广泛。[1][2] 核密度估计用连续的密度曲线描述随机变量的分布形态，可以根据数据特征模拟出总体分布形式，具有较强的连续性与稳健性。其公式原理是，假设 $f(x)$ 是

---

　　① 沈丽、鲍建慧：《中国金融发展的分布动态演进：1978—2008 年——基于非参数估计方法的实证研究》，《数量经济技术经济研究》2013 年第 5 期。

　　② 刘华军、何礼伟、杨骞：《中国人口老龄化的空间非均衡及分布动态演进：1989—2011》，《人口研究》2014 年第 2 期。

随机变量 x 的密度函数：

$$f(x) = \frac{1}{Nh} \sum_{i=1}^{N} K(\frac{X_i - x}{h}) \tag{3.1}$$

式（3.1）中，N 为观测值个数；h 为带宽；i 为研究地区内的某城市；X_i 为独立同分布的样本点；K（·）为核函数，是一种平滑转换函数或加权函数，一般满足：

$$\begin{cases} \lim_{x \to \infty} K(x) \cdot x = 0 \\ K(x) \geqslant 0 \int_{-\infty}^{+\infty} K(x) \mathrm{d}x = 1 \\ \sup K(x) < +\infty \int_{-\infty}^{+\infty} K^{2(x)} \mathrm{d}x < +\infty \end{cases} \tag{3.2}$$

常见的核函数有二次核函数、高斯核函数、三角核函数等。本书采用 Stata 15.0 中的默认函数高斯核函数对中国城市雾霾的动态演进情况进行估计，如式（3.3）所示。

$$K(x) = \frac{1}{\sqrt{2\pi}} \exp(-\frac{x^2}{2}) \tag{3.3}$$

在 1998—2016 年的研究期间，以 6 年为一个时间周期，分别选取 1998 年、2004 年、2010 年和 2016 年的 PM2.5 浓度数据，运用 Stata 15.0 软件绘制出全国和东部、中部、西部及东北四大地区的 Kernel 密度估计图，以探究全国及各地区雾霾污染的动态演进趋势，如图 3.8—图 3.12 所示。当 PM2.5 浓度值分布整体向左（右）移动时，表明从总体上来看，雾霾污染水平在降低（升高）。当波峰的高度分布趋于扁平（陡峭）时，这意味着雾霾污染的差距在逐渐扩大（缩小）。当波峰数量逐渐变多（变少）时，表明雾霾污染出现了两极甚至多极化（收敛）的现象。核密度函数的左拖尾加长（缩短）时，意味着雾霾污染的差距在逐渐加大（缩小），反之，当右拖尾不断缩短（加长）时，则意味着雾霾污染的差距正在逐渐缩小（加大）。

二 全国城市雾霾分布的动态演进

以 PM2.5 浓度代表雾霾，图 3.8 描绘了主要年份中国城市雾霾的演变趋势。由图3.8可知，中国城市雾霾的分布经历了"单峰—多峰"的演变历程：1998年大致呈现"单峰"特征，这说明1998年暂未出现多极分化的现象；但2004年后波峰数增加且侧峰低于主峰，意味着此时开始出现多极分化的现象，并且存在一定的梯度效应。根据核密度曲线的分布形态，可以分为两个阶段：第一阶段（1998—2010年），主峰峰值逐渐下降，变化区间增大；第二阶段（2010—2016年），主峰峰值逐渐升高，变化区间减小。这反映出中国城市雾霾的地区差异呈现先缩小后扩大的态势。核密度曲线的中心先向右移动后向左移动，这说明中国城市的PM2.5浓度总体水平经历了先不断升高后逐渐降低的变化，空气质量呈现先恶化再逐渐改善的态势。此外，核密度曲线右侧拖尾的现象随时间推移愈加明显，表明部分城市雾霾加剧速度较快，且与有些雾霾污染较轻的城市的差距在扩大。

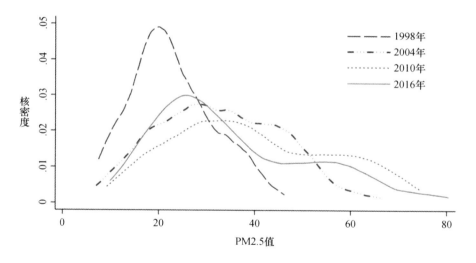

图3.8 中国城市雾霾分布的动态演进

三 各地区城市雾霾分布的动态演进

（一）东部地区城市雾霾分布的动态演进

图3.9描绘了主要年份东部地区城市PM2.5浓度的演变趋势。从总体来看，1998—2016年，核密度曲线始终表现为多峰分布，这表明东部

地区的 PM2.5 浓度分布两极化现象比较严重。1998—2016 年核密度曲线总体表现出尾部右偏且不断拉长和增厚的趋势，反映了东部地区城市雾霾的差距正在不断加大。与 1998 年相比，2004 年核密度曲线的中心向右移动，峰值明显大幅降低且变化区间扩大，这说明 2004 年东部地区城市的 PM2.5 浓度总体水平呈下降趋势，且地区差异不断加剧。与 2004 年相比，2010 年的变化区间扩大，峰值降低，侧峰高度与主峰高度接近，这说明地区差异变大的同时两极分化现象也在加深。2016 年与 2010 年相比，核密度曲线的中心开始左移，且峰值升高，这说明东部地区的 PM2.5 浓度的总体水平呈下降趋势，即空气质量较前些年相比已经开始好转。

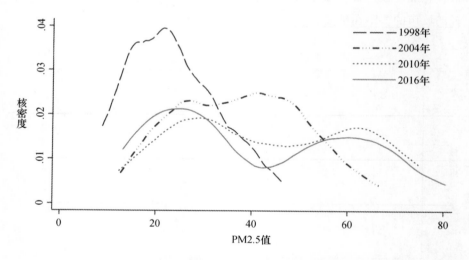

图 3.9 东部地区城市雾霾分布的动态演进

（二）中部地区城市雾霾分布的动态演进

图 3.10 描绘的是主要年份中部地区城市 PM2.5 浓度的演变趋势。从总体来看，不同年份核密度曲线的分布形态变化比较显著，且其分布均较为陡峭，这表明中部地区的 PM2.5 浓度分布差异波动剧烈且存在多极分化的现象。与 1998 年相比，2004 年核密度曲线中心明显右移，变化区间加大，但峰值基本保持不变，这说明 2004 年中部地区的雾霾污染呈恶

化态势且地区差异扩大。与 2004 年相比，2010 年的核密度曲线右移，峰值下降，变化区间增大，这说明中部地区在雾霾污染恶化的同时，地区差异也在不断加大。与 2010 年相比，2016 年核密度曲线中心左移的幅度比较大，峰值轻微升高，曲线尾部由左偏开始转为右偏，这说明中部地区的 PM2.5 浓度的总体水平降低，空气质量得到了较大改善，但雾霾污染的差距先缩小后加大。

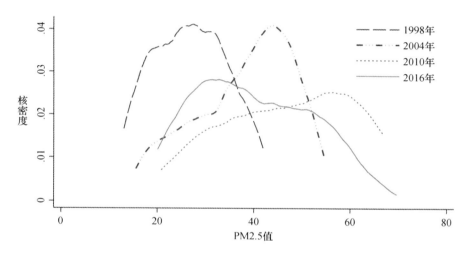

图 3.10　中部地区城市雾霾分布的动态演进

（三）西部地区城市雾霾分布的动态演进

图 3.11 描绘的是主要年份西部地区城市 PM2.5 浓度的演变趋势。总体来看，四个年份的核密度曲线不太平滑，均存在微小的波峰，且曲线中心呈现先右移后左移的变化特征。与 1998 年相比，2004 年核密度曲线的中心位置右移，峰值降低且变化区间增大，这说明西部地区的地区差异呈扩大趋势。同时，2004 年开始出现明显的侧峰，这表明西部地区的极化现象加重。与 2004 年相比，2010 年核密度曲线轻微右移，峰值微弱减小，这说明中部地区的地区差异虽扩大但幅度不明显。同 2010 年相比，2016 年核密度曲线的中心左移，峰值升高且变化区间增大，这说明西部地区的 PM2.5 浓度总体水平呈缩小态势，空气质量好

转。同时曲线形态由双峰状变成单峰状，这说明西部地区的极化现象逐渐消除。

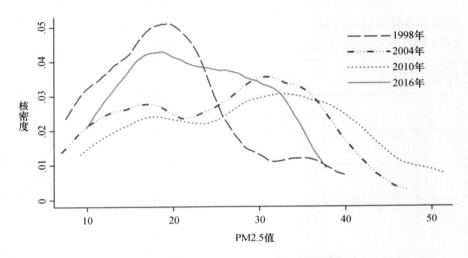

图3.11　西部地区城市雾霾分布的动态演进

（四）东北地区城市雾霾分布的动态演进

图3.12 描绘了主要年份东北地区城市 PM2.5 浓度的演变趋势。从整体来看，核密度曲线不太平滑，出现了许多微小的波峰，表明东北地区城市的极化现象比较严重。且核密度曲线的中心在 1998—2010 年向右移动，2010—2016 年向左移动，这表明东北地区城市 PM2.5 浓度的总体水平经历了先升高后降低的变化，空气质量呈现先恶化再好转的态势。同时，东北地区城市的 PM2.5 浓度分布具有较大波动性，曲线峰值在 1998 年最高，从 1998 年下降到 2010 年最低后，2016 年峰值再次升高，且 2004—2010 年分布范围扩大幅度较大，2011—2016 年又开始缩小。此外，1998—2010 年曲线的变化区间逐渐扩大，2011—2016 年逐渐减小，表明东北地区城市雾霾的地区差异呈现先扩大后缩小的趋势。

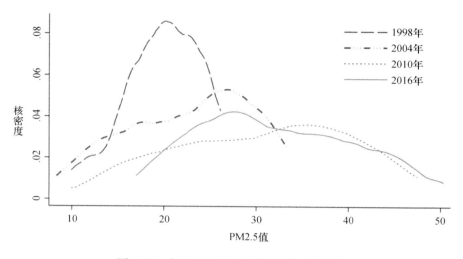

图 3.12　东北地区城市雾霾分布的动态演进

第六节　本章小结

（1）从时间上来看，1998—2016 年中国 PM2.5 浓度平均值为 35.15μg/m³，主要在 10—35μg/m³，整体呈现波动变化的趋势，且波动程度表现为先增大后缩小。其中，中部地区 PM2.5 年均值最高，雾霾污染最为严重，东部地区紧随其后，西部地区的空气质量最好。季节上 PM2.5 浓度呈现"冬高夏低、春秋居中"的"V"形变化规律。月均浓度的演变规律为倒"N"起伏形。其中 1 月 PM2.5 浓度最高，9 月 PM2.5 浓度最低。日均浓度的演变规律为周期性波浪形。春、冬季节波动周期相对较短，夏、秋季节波动周期相对较长。

（2）从动态演进的视角看，中国城市雾霾呈现显著的多极分化现象，区域差异明显。从全国层面来看，核密度曲线分布经历了"单峰—多峰"的演变历程，即出现了多级分化的现象。主峰峰值先下降后上升，表明 PM2.5 浓度的地区差异呈现先缩小后扩大的态势。核密度曲线的中心先向右移动后向左移动，这说明中国城市的空气质量呈现先恶化再逐渐改善的趋势。分地区来看，东部、中部、西部及东北地区的城市 PM2.5 浓度均呈现先升高后降低的趋势，与此同时，东部和中部地区多极分化现象比较严重，地区差异不断加大。西部和东北地区多级分化现象逐渐消失，地区差异在不断减小。

（3）尽管中国整体及各地区雾霾浓度有所波动，并在 2013—2016 年有所下降，但在 1998—2016 年中国 PM2.5 浓度最低值为 22.86μg/m³，仍高于世界卫生组织（WHO）建议的水平。由此可见，中国的雾霾治理不够充分。

需要说明的是，鉴于数据的可获得性，本章的研究期间是 1998—2016 年，这正好是中国雾霾污染出现到频发的一段严重时期。"十五"以来，中国持续加大对生态环境保护，并相继出台了一系列关于大气污染防治的法律法规与长效措施。从 2012 年的《重点区域大气污染防治"十二五"规划》到 2013 年的《大气污染防治行动计划》，再到 2016 年新实施的《中华人民共和国大气污染防治法》，标志着中国政府对雾霾治理的重视和决心。但由于时间尚短，各地区雾霾污染和经济发展差异较大，雾霾污染依然存在着治理不充分、区域不平衡的问题。值得一提的是，从 2016 年开始，中国开启了一场史上最严厉的环保风暴。中央环保督察涉及面广，力度大，执法严，速度快，仅两年时间，已经实现对全国 31 个省份的全覆盖。自 2016 年来，中国空气质量持续改善。2021 年中国 338 个地级及以上城市 PM2.5 浓度为 30μg/m³，同比下降 9.1%。① 可见，中国的雾霾治理当前已取得良好成效，总体情况有所改善。

---

① 中华人民共和国生态环境部：《2021 中国环境状况公报》，https：// www. mee. gov. cn/hj-zl/sthjzk/zghjzkgb/202205/P020220608338202870777. pdf。

第 四 章

中国城市雾霾的空间演进分析

本章将从区域差异角度对中国城市雾霾的空间演进进行分析。首先运用空间相关性方法分析中国及各地区城市雾霾的空间集聚特征以及空间变化规律；并进一步采用 Dagum 基尼系数及其分解方法研究中国城市雾霾空间分布的地区差异及来源；最后借助标准差椭圆方法刻画中国城市雾霾的空间格局变化。通过从空间维度分析中国城市雾霾污染的动态演变过程，不仅有助于较准确地把握中国雾霾污染的空间格局，还有助于探寻中国雾霾污染的演变规律和治理效果，为制定针对性的政策建议及进一步推进绿色发展和生态文明建设提供有效的依据和参考。

第一节 研究方法

一 探索性空间数据分析

根据地理学第一定律，地理事物或属性在空间分布上互为相关，存在集聚（Clustering）、随机（Random）、分散（Dispersion）分布，并且相关性随距离的增大而减小[1]，该现象称为空间自相关。[2] 大气活动所具有

---

① Tobler W. A. , "A Computer Movie Simulating Urban Growth in the Detroit Region", *Economic Geography*, No. 46, 1970.

② Geary R. C. , "The Contiguity Ratio and Statistical Mapping", *The Incorporated Statistician*, No. 5, 1954.

的空间关联性特征导致邻近地区的 PM2.5 浓度值在统计上会更加接近。[1] 也就是说，大气的流通特性致使 PM2.5 浓度值的空间相关性更具显著性，使得探索其内在规律具有较强的学术研究价值。空间自相关统计量能够刻画变量在同一个分布区内的观测数据之间潜在的相互依赖性或联系的紧密性[2]，常用于分析地理和大气要素的空间集聚和变化趋势[3]，从而为探索要素的时空集聚与演变规律提供依据。[4] 在空间自相关模型中，学术界常用的是全局空间自相关和局部空间自相关两种。[5]

1. 全局空间自相关

通过求解全局 Moran's I 指数进行检验来判断空间邻近区域单元 PM2.5 的空间相似程度，计算公式如下：

$$I = \frac{n}{S_0} * \frac{\sum\limits_{i=1}^{n} \sum\limits_{j=1}^{n} w_{ij} z_i z_j}{\sum\limits_{i=1}^{n} z_i^2} \quad (4.1)$$

$$S_0 = \sum_{i=1}^{n} \sum_{j=1}^{n} w_{ij}; \ z_i = Y_i - \overline{Y}; \ z_j = Y_j - \overline{Y} \quad (4.2)$$

式（4.1）、式（4.2）中，I 为 Moran's I，Y_i 为第 i 地区的观测值，Y_j 为第 j 地区的观测值，$\overline{Y}$ 为地区均值，n 为地区数量，w_{ij} 为空间权重矩阵，通常取相邻单元为 1，其他为 0。$I \in [-1, 1]$，且当 $I \in [-1, 0)$ 时，表示区域单元之间具有负相关性；当 $I = 0$ 时，表示区域单元之间不具有相关性；当 $I \in (0, 1]$ 时，表示区域单元之间具有正相关性。Moran's I

① Wu J. S., Li J. C., Peng J., et al., "Applying Land Use Regression Model to Estimate Spatial Variation of PM2.5 in Beijing, China", *Environmental Science and Pollution Research International*, Vol. 22, No. 9, 2015.

② 陈刚强、李郇、许学强：《中国城市人口的空间集聚特征与规律分析》，《地理学报》2008 年第 10 期。

③ Hu M., Lin J., Wang J., et al., "Spatial and Temporal Characteristics of Particulate Matter in Beijing, China Using the Empirical Mode Decomposition Method", *Science of the Total Environment*, Vol. 458 –460C, No. 3, 2013.

④ 周天墨、付强、诸云强等：《空间自相关方法及其在环境污染领域的应用分析》，《测绘通报》2013 年第 1 期。

⑤ 熊欢欢、梁龙武、曾赠等：《中国城市 PM2.5 时空分布的动态比较分析》，《资源科学》2017 年第 1 期。

指数越接近 1，说明区域单元属性值之间关系越密切；越接近 0，说明单元之间属性值越不相关；越接近 -1，则说明单元之间属性值差异越大。

2. 局部空间自相关

运用局部空间自相关来确定 PM2.5 空间集聚的具体位置，Moran's I 的计算公式为：

$$I_i = \frac{x_i - \bar{x}}{S_i^2} \sum_{j=1, j \neq i} w_{ij}(x_i - \bar{x}) \tag{4.3}$$

$$S_i^2 = \frac{\sum_{j=1, j \neq i} w_{ij}}{n - 1} - \bar{x}^2 \tag{4.4}$$

其中，x_i 是 i 的属性；$\bar{x}$ 是其平均值；w_{ij} 是空间权重矩阵。

学术界常用标准化统计量 Z 来检验 Moran's I 指数是否存在空间自相关关系，标准化统计量的计算公式如下：

$$Z_i = \frac{I - E[I]}{\sqrt{VAR[I]}} \tag{4.5}$$

式中 $E(I)$ 和 $VAR(I)$ 的表达式分别为：

$$E[I] = \frac{-1}{n - 1} \tag{4.6}$$

$$VAR[I] = \frac{n^2 w_1 + n w_2 + 3 w_0^2}{w_0^2 (n^2 - 1)} - E^2(I) \tag{4.7}$$

式（4.7）中 w_0、w_1 和 w_2 表达式分别为 $w_0 = \sum_{i=1}^{n} \sum_{j=1}^{n} W_{ij}$，$w_1 = \frac{1}{2} \sum_{i=1}^{n} \sum_{j=1}^{n} (w_{ij} + w_{ji})^2$，$w_2 = \sum_{i=1, j=1}^{n} (w_{i*} + w_{*j})^2$，$w_{i*}$ 和 w_{*j} 分别指空间权值矩阵中 i 行和 j 列之和。

为了增强空间自相关分析结论的准确性，本书选择 0.01 的显著性水平。在该显著性水平下，若 | Z (I) | < 2.58，说明 PM2.5 浓度的空间自相关性不显著，即 PM2.5 浓度呈现独立随机分布规律；若 $Z > 2.58$，且该单元及其邻近单元 PM2.5 浓度均高于平均值，则其为"热区"，即高值呈现空间集聚；若 $Z > 2.58$，且该单元及其邻近单元 PM2.5 浓度均低于平均值，则其为"冷区"，即低值呈现空间集聚；若 $Z < -2.58$，则表示该单元及其邻近单元具有空间负相关性。

二 Dagum 基尼系数及分解方法

Dagum 基尼系数分解方法从相对差异的层面分析中国城市雾霾的总体差异及差异来源。再次将中国大陆分为东部、中部、西部和东北地区，并将相应的城市归并到相应区域中，据此刻画出四大地区城市雾霾（以年均 PM2.5 浓度表示）在空间上的动态演进过程。与传统基尼系数相比，Dagum 基尼系数不仅可以有效分析地区差异的来源，也可以反映子群内的交叉重叠问题，因此所得结论更为精确。[1] Dagum 基尼系数分为地区内差距的贡献 G_w、地区间差距的贡献 G_{nb} 和超变密度的贡献 G_t 三部分，且满足 $G = G_w + G_{nb} + G_t$，其中总体基尼系数 G 的定义如式（4.8）所示：

$$G = \frac{\sum_{j=1}^{k} \sum_{h=1}^{k} \sum_{i=1}^{n_j} \sum_{r=1}^{n_h} |y_{ji} - y_{hr}|}{2n^2\mu} \tag{4.8}$$

式（4.8）中，y_{ji}（y_{hr}）表示 j（h）地区内任意城市的年均 PM2.5 浓度；μ 表示所有城市 PM2.5 浓度的均值；n 是 225，即 225 个城市；k 是 4，即本书所划分的地区数目；n_j（n_h）表示 j（h）地区内城市的数目。在分解总体基尼系数之前，应该先依据地区内年均 PM2.5 浓度的均值对地区进行排序，如式（4.9）所示：

$$\mu_h \leqslant \mu_j \leqslant \cdots \leqslant \mu_k \tag{4.9}$$

Dagum 基尼系数分解的各部分计算公式如下：

$$G_{jj} = \frac{\frac{1}{2n^2\mu} \sum_{i=1}^{n_j} \sum_{r=1}^{n_j} |y_{ji} - y_{hr}|}{2n^2\mu} \tag{4.10}$$

$$G_w = \sum_{j=1}^{k} G_{jj} p_j s_j \tag{4.11}$$

$$G_{jh} = \frac{\sum_{i=1}^{n_j} \sum_{r=1}^{n_h} |y_{ji} - y_{hr}|}{n_j n_h (\mu_j + \mu_h)} \tag{4.12}$$

---

① 刘华军、赵浩：《中国二氧化碳排放强度的地区差异分析》，《统计研究》2012 年第 6 期。

$$G_{nb} = \sum_{j=2}^{k} \sum_{h=1}^{j-1} G_{jh}(p_j s_h + p_j s_h) D_{jh} \qquad (4.13)$$

$$G_t = \sum_{j=2}^{k} \sum_{h=1}^{j-1} G_{jh}(p_j s_h + p_j s_h)(1 - D_{jh}) \qquad (4.14)$$

G_{jj}、G_{jh} 分别表示地区内和地区间的基尼系数。式（4.11）、式（4.13）、式（4.14）中，$p_j = n_j/n$，$s_j = n_j\mu_j/n\mu$（$j = 1, 2, \cdots, k$），D_{jh} 表示 j（h）地区间 PM2.5 浓度的相对影响，其定义如式（4.15）所示。其中，d_{jh} 表示地区间 PM2.5 浓度的差值，可理解为 j、h 地区内所有 $y_{ji} - y_{hr} > 0$ 的样本值相加的总和；p_{jh} 表示超变一阶矩，可理解为 j、h 地区中所有 $y_{hr} - y_{ji} > 0$ 的样本值相加的总和。d_{jh} 和 p_{jh} 的定义如式（4.16）、式（4.17）所示，其中 F_j（F_h）表示 j（h）地区的累积密度分布函数。

$$D_{jh} = \frac{d_{jh} - p_{jh}}{d_{jh} + p_{jh}} \qquad (4.15)$$

$$d_{jh} = \int_0^\infty dF_j(y) \int_0^y (y - x) \mathrm{d}F_h(y) \qquad (4.16)$$

$$p_{jh} = \int_0^\infty dF_h(y) \int_0^y (y - x) \mathrm{d}F_j(y) \qquad (4.17)$$

三　标准差椭圆法

标准差椭圆（Standard Deviational Ellipse，SDE）可以精准有效地揭示地理要素的空间分布，因而被广泛地应用于空间分布范围与时空演变过程的研究中。[1][2] 采用标准差椭圆方法分析城市雾霾的空间维度和格局变化能充分考虑空间区位信息，揭示城市雾霾的重心、展布性、密集性、方位和形状。[3] SDE 主要包括三个要素：转角 θ、沿长轴的标准差和沿短轴的标准差。本研究中，SDE 的重心是城市雾霾分布的空间均值点和平衡点，重心的变化可以反映城市雾霾的空间变化。SDE 的面积可以反映

①　Burt J. E. and Barber G. M. , eds. , *Elementary Statistics for Geographers*（2ndEd.），New York and London：Guilford，1996.

②　Bachi R. ，"Standard Distance Measures and Related Methods for Spatial Analysis"，*Papers of the Regional Science Association*，No. 10，1962.

③　赵媛、杨足膺、郝丽莎等：《中国石油资源流动源——汇系统空间格局特征》，《地理学报》2012 年第 4 期。

城市雾霾空间集聚的状态。一般来说，椭圆面积越小，表明雾霾污染的空间集聚性越强。

本书参考 Wong[①]、Lauren[②]、Gong[③] 等人的研究，计算城市雾霾"重心"的公式如下：

$$X = \sum_{i=1}^{n} x_i M_i / \sum_{i=1}^{n} M_i \tag{4.18}$$

$$Y = \sum_{i=1}^{n} y_i M_i / \sum_{i=1}^{n} M_i \tag{4.19}$$

式 (4.18)、式 (4.19) 中，X、Y 分别为各年雾霾污染"重心"的经度、纬度，x_i、y_i 分别是第 i 个城市的经度、纬度（查询网址 http://www.gpsspg.com/latitude - and - longitude.htm），M_i 为第 i 个城市的雾霾浓度值。

$$x'_i = x_i - x_{wmc} \; ; \; y'_i = y_i - y_{wmc} \tag{4.20}$$

$$\tan\theta = \frac{\left(\sum_{i=1}^{n} w_i^2 x_i^2 - \sum_{i=1}^{n} w_i^2 y_i^2\right) + \sqrt{\left(\sum_{i=1}^{n} w_i^2 x'^2_i - \sum_{i=1}^{n} w_i^2 y'^2_i\right)^2 + 4\left(\sum_{i=1}^{n} w_i^2 x'^2_i y'^2_i\right)^2}}{2\sum_{i=1}^{n} w_i^2 x'_i y'_i} \tag{4.21}$$

$$\delta_x = \sqrt{\frac{\sum_{i=1}^{n} (w_i x'_i \mathrm{con}\theta - w_i y'_i \sin\theta)^2}{\sum_{i=1}^{n} w_i^2}} \; ; \; \delta_y = \sqrt{\frac{\sum_{i=1}^{n} (w_i x'_i \sin\theta - w_i y'_i \mathrm{con}\theta)^2}{\sum_{i=1}^{n} w_i^2}} \tag{4.22}$$

式 (4.20) 中，x'_i 与 y'_i 为各城市距离当年雾霾重心的相对坐标，式 (4.21)、式 (4.22) 中的 θ 为方向角，δ_x 与 δ_y 分别表示沿标准椭圆短轴与长轴的标准差。以上计算均可通过 ArcGIS 软件自动实现。

[①]　Wong D. W. S., "Several Fundamentals in Implementing Spatial Statistics in GIS: Using Centrographic Measures as Examples", *Geographic Information Sciences*, No. 2, 1999.

[②]　Lauren M. S. and Mark V. J., eds., "Spatial Statistics in Arc GIS [C] // M M Fischer and A Getis (eds.)", *Handbook of Applied Spatial Analysis: Software Tools, Methods and Applications*, Berlin, Springer, 2010.

[③]　Gong J., "Clarifying the Standard Deviational Ellipse", *Geographical Analysis*, No. 34, 2002.

第二节 中国城市雾霾的空间自相关分析

一 全局自相关分析

运用 ArcGIS 平台的 Spatial Autocorrelation Model 进行空间自相关分析，借助 Gi_ Bin 字段辨别"热点"和"冷点"的统计显著性。一般置信度为 99% 的统计显著性是指研究要素处于置信区间［－3，3］内；置信度为 95% 的统计显著性是指分析要素处于置信区间［－2，2］内；置信度为 90% 的统计显著性是指分析要素处于置信区间［－1，1］内；而在置信值为 0 或者趋近于 0 的研究要素之间进行聚类分析是不具有统计学意义的。

首先，运行 ArcGIS 软件对中国 225 个城市 1998—2016 年 PM2.5 浓度的年均值进行空间自相关性检验，得到历年 PM2.5 浓度 Moran's I 指数，见表 4.1。表中结果显示，Moran's I 指数均为正值，且几乎均高于 0.600，$Z(I)$ 也均远远高于 2.58，且均通过了 1% 水平的显著性检验，这充分说明中国城市雾霾污染浓度存在十分显著的空间正相关性。换句话说，中国城市的雾霾污染在整体上呈现较强的空间聚集效应。依据表 4.1 做出 1998—2016 年中国城市雾霾 Moran's I 指数变化图（见图 4.1）。从图 4.1 中可以看出，Moran's I 指数总体上呈现波动上升的趋势，并且随着时间的推移，该指数在逐步增加，从 1998 年的 0.608 逐渐增长到 2016 年的 0.841，充分反映了雾霾污染在相邻区域间的空间相互作用在逐年增强。Moran's I 指数接近于 1，表明雾霾浓度的总体差异正慢慢缩小，雾霾污染呈区域化态势愈加明显。

表 4.1　　　　　　　**全国城市 PM2.5 年均浓度空间自相关指数**

年份	1998	1999	2000	2001	2002	2003	2004	2005	2006	2007
Moran's I 指数	0.608	0.576	0.717	0.708	0.704	0.816	0.639	0.700	0.738	0.797
$Z(I)$	31.04***	29.48***	36.69***	36.15***	35.88***	41.59***	32.62***	35.65***	37.65***	40.60***

续表

年份	2008	2009	2010	2011	2012	2013	2014	2015	2016	
Moran's I 指数	0.696	0.677	0.763	0.742	0.719	0.812	0.816	0.770	0.841	
$Z(I)$	35.46***	34.55***	38.88***	37.81***	36.65***	41.38***	41.08***	39.21***	42.90***	

注: *** 代表在 1% 的水平上显著。

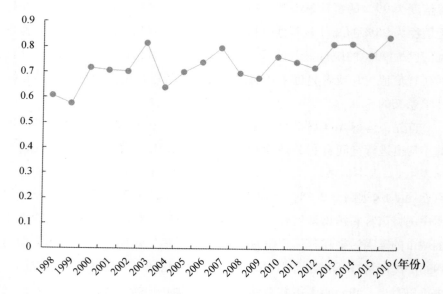

图 4.1　中国城市雾霾 Moran's I 指数变化

二　空间集聚性分析

基于中国城市雾霾具有显著的空间集聚性，在 1998—2016 年的研究期间，以 6 年为一个时间周期，采用 ArcGIS 软件，分别选取 1998 年、2004 年、2010 年和 2016 年中国 225 个城市 PM2.5 浓度数据进行空间"热点"和"冷点"分析，以期进一步探讨其空间集聚性规律。

通过分析可知，1998—2016 年中国 225 个城市在空间分布上整体呈现显著的区域差异，热点（Hot Spot）区域呈现下降的趋势，冷点（Cold Spot）区域呈现上升的趋势，尤其是西部地区上升趋势显著。其中，热点区域主要分布于京津冀、山东半岛、中原、长江中游和长江三角洲城市群，东部城市群空气污染较为严重，此外，北方地区因其工业的高速度发展和冬季煤炭的大量消耗严重恶化了空气质量。冷点区域主要分布于空气质量较好的天山北坡、兰西、呼包鄂榆、宁夏沿黄、滇中、海峡西岸。西部、西南部城市群和东南部沿海城市群空气质量较好。无特征点（No Significant Spot）区域主要分布在成渝城市群、辽中南城市群和关中城市群地区，这些地区的空气质量变化较大，暂无明显特征。值得注意的是，辽中南城市群和哈长城市群西南地区在 1998 年、2010 年和 2016 年主要是无特征点分布区，而在 2004 年是冷点分布区，说明这些地区在经历了短暂的空气质量好转之后出现了反弹；珠江三角洲和黔中城市群则与上述地区正好相反，在 1998 年、2010 年和 2016 年主要是冷点分布区，而在 2004 年主要是无特征点分布区，空气质量得到持续改善。

第三节　中国城市雾霾的空间变化趋势

为了更好地了解中国雾霾的空间变化趋势，再分别选取 1998 年、2004 年、2010 年和 2016 年中国 225 个城市 PM2.5 浓度数据，分析中国雾霾污染的空间分布变化情况。从整体上来看，中国雾霾污染在空间分布上呈现显著的区域差异。雾霾的高浓度地区主要集中在京津冀城市群、山东半岛城市群、长江三角洲城市群、成渝城市群、辽中南城市群、长江中游城市群中部地区以及长江以北的中原城市群；低浓度地区主要集中于珠江三角洲城市群、海峡西岸城市群、广西北部城市群、天山北坡城市群、宁夏沿黄城市群。其中，中国海南、青海等地区 PM2.5 浓度较低，均低于 $10\mu g/m^3$。但是需要高度重视的是，中国大部分地区的 PM2.5 浓度值都远高于 WHO 所规定的浓度限值（$10\mu g/m^3$）。

具体来说，1998 年中国空气质量整体上较为良好，仅有京津冀城市群东南部地区和长江中游中部地区 PM2.5 浓度值高于中国规定的年均限值 $35\mu g/m^3$，其他地区均低于年均限值，但是基本高于 WHO 所规定的浓度限值。其中，沧州市 PM2.5 浓度最高，为 $46.25\mu g/m^3$；乌海市 PM2.5 浓度最低，为 $7.50\mu g/m^3$。PM2.5 浓度排名前十位城市分别为沧州市、廊坊市、德州市、天津市、武汉市、淮北市、衡水市、鄂州市、内江市、东营市；PM2.5 浓度排名后十位城市分别为潮州市、克拉玛依市、三亚市、福州市、漳州市、赤峰市、乌鲁木齐市、包头市、攀枝花市、乌海市。良好的空气质量主要源于中国 20 世纪 90 年代城市化和工业化水平较低，交通发展也处于较低水平，经济和社会发展不高，煤炭等的消耗较少，汽车尾气排放污染较小等。

2004 年，中国已经加入了世界贸易组织，伴随着经济的不断增长，环境压力逐渐增大，全国空气质量整体有所下降，环境污染问题逐步加重，高浓度地区开始扩大，主要分布在京津冀城市群、山东半岛城市群、长江三角洲城市群、长江中游城市群等中部地区。其中，沧州市继续保持 PM2.5 浓度最高，为 66.51μg/m³，较 1998 年提高了 43.8%，污染加重十分明显。PM2.5 浓度排在前十位的城市分别为沧州市、衡水市、德州市、廊坊市、天津市、东营市、聊城市、济南市、无锡市、马鞍山市。内蒙古包头市 PM2.5 浓度最低，为 7.00μg/m³，PM2.5 浓度排名后十位城市分别为鹤岗市、金昌市、伊春市、克拉玛依市、攀枝花市、乌海市、赤峰市、黑河市、嘉峪关市、包头市。

2010 年，随着工业化和城市化的快速推进，中国空气质量进一步下降，环境污染问题愈加严重，高浓度区域进一步扩大，主要分布在京津冀城市群、山东半岛城市群、长江三角洲城市群、辽中南城市群、长江中游城市群中部地区。PM2.5 浓度前十位城市分别为德州市、济南市、沧州市、泰安市、天津市、衡水市、济宁市、廊坊市、聊城市、淄博市；PM2.5 浓度排名后十位城市分别为赤峰市、乌鲁木齐市、乌海市、攀枝花市、金昌市、三亚市、黑河市、包头市、克拉玛依市、嘉峪关市。其中，德州市 PM2.5 浓度最高，为 74.81μg/m³，比 2004 年的最高浓度提高了 12.5%；甘肃嘉峪关市 PM2.5 浓度最低，为 9.18μg/m³，比 2004 年的最低浓度提高了 31.1%。由此可见，雾霾污染持续加重。

2016 年，中国部分地区空气质量不容乐观，局部地区 PM2.5 浓度高于中国规定的日均限值 75μg/m³。高浓度地区持续扩大，主要分布在京津冀城市群、山东半岛城市群、长江三角洲城市群、成渝城市群、辽中南城市群、长江中游城市群中部地区以及长江以北的中原城市群。其中，德州市 PM2.5 浓度最高，为 80.38μg/m³；四川嘉峪关市 PM2.5 浓度最低，为 9.93μg/m³。PM2.5 浓度排名前十位城市分别为德州市、聊城市、衡水市、沧州市、廊坊市、济南市、天津市、泰安市、濮阳市、济宁市，PM2.5 浓度排名后十位城市分别为昆明市、曲靖市、三亚市、乌海市、克拉玛依市、金昌市、西宁市、包头市、攀枝花市、嘉峪关市。

由上述分析可知，沧州市、德州市、衡水市、廊坊市、天津市始终在全国 PM2.5 浓度前十名榜单中，而克拉玛依市、包头市、攀枝花市、乌海市则一直处在 PM2.5 浓度排名后十名之列。从排名变化来看，金昌市与嘉峪关市虽在 1998 年未进入 PM2.5 浓度排名后十名，但它们在 2004 年、2010 年、2016 年均进入 PM2.5 浓度排名后十名，说明两市在空气质量上取得了很大的改善；而聊城市与济南市的情况则恰好相反，表明两市雾霾污染十分严重，亟待治理。综上可知，中国雾霾污染的空间分布在 1998—2016 年并未发生明显变化，污染较重的区域位于华北平原环渤海一带，而污染较轻的区域主要集中在青藏高原等西部地区。

第四节　中国城市雾霾污染的空间差异分析

为进一步分析中国城市雾霾污染的地区差异大小及其来源，运用 Dagum 基尼系数分解方法，以 PM2.5 浓度代表雾霾，计算得到 1998—2016 年中国城市雾霾的总体基尼系数、地区内基尼系数、地区间基尼系数及其贡献率，见表 4.2。

表 4.2　　中国城市雾霾 Dagum 基尼系数及其分解结果

年份	总体差异	地区内差异				地区间差异					
		东部	中部	西部	东北	东部—东北	东部—西部	东部—中部	西部—东北	中部—东北	中部—西部
1998	0.224	0.230	0.167	0.234	0.119	0.201	0.245	0.207	0.187	0.196	0.240
1999	0.281	0.198	0.212	0.271	0.172	0.287	0.249	0.210	0.269	0.323	0.268
2000	0.297	0.248	0.225	0.201	0.141	0.286	0.290	0.240	0.176	0.304	0.304
2001	0.268	0.220	0.155	0.202	0.179	0.300	0.279	0.192	0.197	0.293	0.262

续表

年份	总体差异	地区内差异				地区间差异					
		东部	中部	西部	东北	东部—东北	东部—西部	东部—中部	西部—东北	中部—东北	中部—西部
2002	0.259	0.230	0.142	0.215	0.159	0.278	0.283	0.195	0.191	0.265	0.267
2003	0.259	0.246	0.165	0.224	0.138	0.258	0.304	0.214	0.191	0.220	0.278
2004	0.251	0.200	0.146	0.228	0.169	0.285	0.270	0.177	0.212	0.275	0.253
2005	0.253	0.210	0.143	0.227	0.170	0.271	0.265	0.185	0.210	0.289	0.267
2006	0.277	0.248	0.143	0.233	0.176	0.304	0.289	0.209	0.216	0.282	0.252
2007	0.288	0.233	0.158	0.226	0.189	0.310	0.308	0.204	0.212	0.316	0.305
2008	0.249	0.210	0.143	0.218	0.193	0.264	0.296	0.182	0.210	0.246	0.284
2009	0.242	0.221	0.141	0.212	0.182	0.249	0.296	0.188	0.207	0.217	0.274
2010	0.259	0.237	0.160	0.227	0.175	0.264	0.293	0.205	0.205	0.245	0.278
2011	0.261	0.234	0.141	0.221	0.194	0.28	0.295	0.199	0.209	0.257	0.269
2012	0.265	0.230	0.134	0.237	0.186	0.295	0.286	0.193	0.225	0.282	0.257
2013	0.277	0.259	0.178	0.218	0.184	0.285	0.304	0.225	0.208	0.256	0.281
2014	0.251	0.222	0.152	0.216	0.172	0.255	0.295	0.192	0.199	0.245	0.290
2015	0.254	0.258	0.168	0.195	0.189	0.234	0.350	0.224	0.319	0.181	0.337
2016	0.268	0.267	0.172	0.194	0.148	0.257	0.350	0.237	0.225	0.183	0.300

一 总体差异及其演变趋势

由表4.2和图4.2可知，1998—2016年中国城市雾霾的总体差异较大，基尼系数在0.224—0.297之间波动，且呈现"上升—下降—上升"的循环交替变动特征。样本考察期内，中国城市雾霾的总体基尼系数均值为0.262。观察其具体演变过程可知，总体基尼系数由1998年的0.224上升到2000年的0.297，再下降到2004年的0.251，继而上升到2007年的0.288，再下降到2011年的0.261，又上升到2013年的0.277，最后下降到2016年的0.268。此外，若以1998年为基期，中国城市雾霾的总体基尼系数年均上升1.03%，这说明1998—2016年中国城市雾霾的总体差异呈缓慢扩大的趋势。

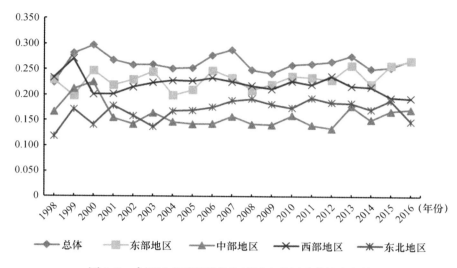

图4.2　中国城市雾霾总体和地区内基尼系数演变趋势

二　地区内差异及其演变趋势

根据表4.2和图4.2可以看出，样本观测期内，从总体来看，地区内差异最大的是西部地区，最小的是中部地区。从地区内差异的动态演变过程来看，东部、中部、西部、东北地区的地区内基尼系数均值分别为0.160、0.232、0.221和0.170，呈"中—西—东北—东"递减的格局。其中，东部地区的内差异变动幅度最为剧烈，呈"扩大—缩小"的折线式变动特征。中部地区的演变趋势可以分为两个阶段：第一阶段，从1998年的0.167上升到2000年的0.225后下降到2001年的0.155；第二阶段，2002—2016年在0.14—0.17左右上下平缓波动。西部地区的内差异整体上看呈下降趋势，1999年达到最高值0.271，2016年达到最低值0.193。若以1998年为基期，2016年中部地区PM2.5浓度年均下降率为0.91%。东北地区的差异演变趋势可以分为三个阶段：第一阶段，1998—2003年呈"增大—减小—增大—减小"的"M"形变化态势；第二阶段，2003—2008年地区内差异缓慢上升，年均上升率为6.67%；第三阶段，由2008年的0.193在波动中下降到2016年的0.148。

三 地区间差异及其演变趋势

图 4.3 反映了中国城市雾霾的地区间差异的演变趋势。

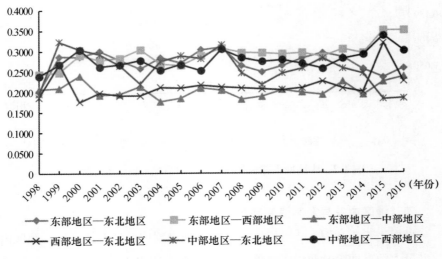

图 4.3　中国城市雾霾的地区间基尼系数演变趋势

由表 4.2 和图 4.3 可知，东部地区和西部地区地区之间的差异最大，东部地区和中部地区之间的差异最小。东部地区和东北地区、东部地区和西部地区、东部地区和中部地区、西部地区和东北地区、中部地区和东北地区、中部地区和西部地区之间的差异分别是 0.2718、0.2919、0.2040、0.2140、0.2567、0.2773。从地区间差异的动态演变过程来看，东部地区和东北地区、东部地区和西部地区、中部地区和西部地区、东部地区和中部地区之间的差异呈现在"上升—下降"的波动中逐渐扩大的趋势，中部地区和东北地区之间的差异呈现在"上升—下降"的波动中逐渐缩小的趋势。具体来看，东部地区和东北地区之间的差异最大值为 0.3010，最小值为 0.2010，且始终在此范围内呈现上下波动的态势。东部地区和西部地区之间的差距在 1998—2007 年经历了反复的波动后稳定在 0.3000 附近，2014 年后从 0.2950 上升到 2016 年的 0.3500。中部地区和西部地区之间的差异呈现"上升—下降—上升—下降—上升—下降"

的演变趋势，由 1998 年的最低值在波动中上升到 2015 的最高值 0.3370。东部地区和中部地区之间的差异在 0.2070—0.2400 的小区间内上下波动且呈现缓慢上升的趋势，其波动幅度与其他地区之间的差异相比较小。中部地区和东北地区之间的差异的波动幅度与其他地区之间的差异相比最大，其最大值出现在 1999 年的 0.3230，最小值出现在 2015 年的0.1810。西部地区和东北地区之间的差距除 1999 年突然上升到 0.269 和2015 年突然上升到 0.3190 外，其他年份均稳定在 0.2000 左右。

四 地区差异来源及其贡献率

表 4.3 和图 4.4 描述了中国城市雾霾的总体差异来源及其贡献率。样本观察期内，超变密度是总体差异的最主要来源，为 0.106—0.141，贡献率均值为 46.06%，且始终高于地区内差异和地区间差异，这说明中国不同地区之间的交叉重叠现象是造成雾霾分布差异的重要原因。超变密度贡献率的演变趋势呈"下降—上升"的频繁交替波动变化态势。除2015 年外，中国城市雾霾的地区内差异贡献率一直高于地区间差异。地区间差异数值为 0.029—0.076，贡献率均值为 21.97%，呈波动上升的趋势，年均上升率为 7.19%。其中，1998—2001 年上升幅度最大，年均上升率高达 36.62%。地区内差异数值为 0.061—0.105，贡献率均值为31.97%，波动相对比较平稳，整体呈波动平稳的下降趋势，年均下降率为 0.23%。

表 4.3　　　　中国城市雾霾的总体差异来源及贡献率

年份	区域内		区域间		超变密度	
	来源	贡献率（%）	来源	贡献率（%）	来源	贡献率（%）
1998	0.068	30.26	0.029	13.00	0.127	56.74
1999	0.100	35.66	0.040	14.09	0.141	50.25
2000	0.104	35.21	0.067	22.68	0.125	42.11
2001	0.092	34.46	0.070	26.11	0.106	39.44
2002	0.085	32.74	0.057	22.06	0.117	45.20

续表

年份	区域内		区域间		超变密度	
	来源	贡献率 （%）	来源	贡献率 （%）	来源	贡献率 （%）
2003	0.082	31.57	0.056	21.53	0.122	46.90
2004	0.083	33.09	0.052	20.74	0.116	46.17
2005	0.082	32.45	0.057	22.63	0.114	44.93
2006	0.096	34.75	0.060	21.52	0.121	43.72
2007	0.097	33.76	0.076	26.35	0.115	39.89
2008	0.076	30.55	0.056	22.40	0.117	47.04
2009	0.072	29.91	0.053	21.83	0.117	48.26
2010	0.081	31.49	0.053	20.62	0.124	47.89
2011	0.083	31.93	0.060	23.14	0.117	44.93
2012	0.088	33.29	0.056	20.98	0.121	45.73
2013	0.090	32.62	0.058	20.95	0.128	46.43
2014	0.077	30.62	0.058	23.03	0.116	46.35
2015	0.061	23.85	0.066	25.99	0.127	50.16
2016	0.078	29.13	0.074	27.82	0.115	43.05

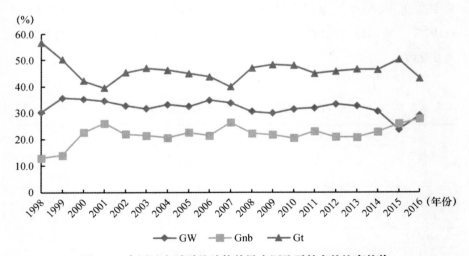

图 4.4　中国城市雾霾的总体差异来源及贡献率的演变趋势

第五节 中国城市雾霾的空间格局变化

为了进一步揭示中国城市雾霾污染空间分布的演变过程，借用 Arc-GIS 软件的"标准差椭圆"方法，分析 1998—2016 年中国城市雾霾的空间分布格局。总体来说，1998—2016 年中国城市雾霾污染空间分布总体呈现"东南高西北低"的空间格局。空间分布在标准差椭圆内部的地区是中国东南部的京津冀、山东半岛、长江三角洲和长江三角洲城市群等 PM2.5 污染主体区域，且标准差椭圆呈现向东向北移动的演化特征，总面积呈现缩小态势，说明中国城市雾霾的空间格局趋于集中分布。

一 分布重心变化

1998—2016 年，中国城市雾霾的重心空间移动情况见表 4.4。中国城市雾霾污染重心的总位移为 788.80 千米，总体呈现先向东南移动，再向东北移动的变化趋势。这说明近年来东南地区的污染情况有所好转，而东北地区的情况则有所恶化，可能与中国政府近些年规范东南地区外商投资有关。[①] 具体来看，1998—2004 年，中国城市雾霾污染重心整体向南偏东方向移动，总位移为 236.21 千米；2004—2010 年，雾霾污染重心整体向北偏东方向移动，总位移为 281.55 千米；2010—2016 年，雾霾污染重心整体向东北方向移动，总位移为 271.08 千米。

表4.4 **中国城市雾霾的重心和移动距离**

年份	XCoord	YCoord	移动距离（千米）	年份	XCoord	YCoord	移动距离（千米）
1998	115.31	33.26	26.13	2008	115.52	32.85	46.32
1999	114.92	32.43	30.27	2009	115.59	33.02	45.64
2000	115.34	33.18	29.73	2010	115.48	33.11	46.21

---

① 严雅雪、齐绍洲：《外商直接投资与中国雾霾污染》，《统计研究》2017 年第 5 期。

续表

年份	XCoord	YCoord	移动距离（千米）	年份	XCoord	YCoord	移动距离（千米）
2001	115.29	33.02	34.54	2011	115.41	33.01	43.49
2002	115.36	33.01	35.65	2012	115.25	32.83	40.85
2003	115.57	33.39	42.18	2013	115.47	33.29	48.02
2004	115.29	32.61	37.71	2014	115.47	33.29	48.02
2005	115.24	32.77	44.58	2015	116.29	33.81	47.59
2006	115.19	33.04	48.23	2016	115.99	33.64	43.11
2007	115.37	32.89	50.57	—	—	—	—

二 分布范围变化

为了进一步辨析中国城市雾霾的空间差异，对全国 225 个城市每年的 PM2.5 浓度进行空间分析（见表 4.5 和图 4.5）。分析可知，中国城市雾霾的空间格局表现出显著的演化特征，整体呈现"W"形的变化特征。从雾霾污染的标准差椭圆周长来看，样本观察期内呈现先下降后上升的变化趋势。其中，1998—2007 年整体呈波动下降趋势，2007—2016 年整体呈波动上升趋势。1998 年为最高值 53.64 千米，2007 年达到最低值 49.22 千米。总体上看，标准差椭圆的周长呈现波动下降的变化趋势，与 1998 年相比，中国城市雾霾污染的标准差椭圆周长下降幅度为 3.30%。类似地，从雾霾污染的面积变化来看，样本观察期内的 1998—2007 年呈波动下降趋势，标准差椭圆面积由 1998 年的最高值 205.66 平方千米波动下降至 2007 年的最低值 175.13 平方千米；2007—2016 年呈波动上升趋势，标准差椭圆面积上升至 2016 年的 190.75 平方千米。整体来看，中国城市雾霾污染标准差椭圆的面积呈现波动下降的变化趋势，与 1998 年相比，中国城市雾霾污染的标准差椭圆面积减少了 7.25%。以上结果表明，1998—2016 年中国雾霾污染范围整体呈现收缩的趋势，这体现了近些年来中国治理雾霾的成效。

表4.5 中国城市雾霾标准差椭圆周长和面积变化规律

年份	标准差椭圆周长 （千米）	标准差椭圆面积 （平方千米）	年份	标准差椭圆周长 （千米）	标准差椭圆面积 （平方千米）
1998	53.64	205.66	2008	51.11	187.22
1999	51.57	193.41	2009	51.52	188.94
2000	50.38	186.76	2010	50.92	184.96
2001	50.48	188.57	2011	50.61	183.07
2002	50.85	189.17	2012	50.50	183.41
2003	50.97	187.60	2013	50.76	185.81
2004	51.44	192.11	2014	50.77	186.39
2005	51.11	189.92	2015	52.29	190.00
2006	50.31	184.07	2016	51.87	190.75
2007	49.22	175.13	—	—	—

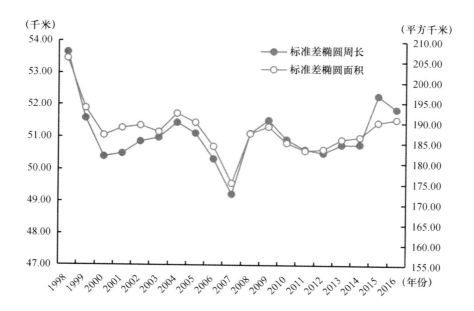

图4.5 中国城市雾霾标准差椭圆周长和面积变化

第六节　本章小结

（1）从空间分布来看，中国城市雾霾呈现"东南高，西北低"的空间格局，具有显著的区域差异与空间聚集特征。并且随着时间的推移，雾霾污染在相邻区域间的空间效应逐年增强，污染呈区域化态势愈加明显。中国雾霾的"热点"区域集中在京津冀、山东半岛、中原等城市群；"冷点"区域主要分布在天山北坡、兰西及呼包鄂榆等城市群；"无特征点"主要包括成渝、辽中南、关中等城市群。总体而言，中国城市雾霾的空间分布未发生明显变化。

（2）从空间差异来看，中国城市雾霾存在明显的地区差异。总体差异较大，基尼系数为 0.224—0.297，且呈现缓慢扩大的态势。其中，超变密度是导致总体差异的主要来源，其贡献率均值为 46.06%。同时，无论是总体基尼系数、地区内基尼系数还是地区间基尼系数的演进过程都在研究期内表现出较大的波动性。具体从地区来看，地区内差异最大的是西部地区，最小的是中部地区，在全国区域内呈现"中—西—东北—东"递减的格局。地区间差异最大的是东部和西部，最小的是西部和东北部。此外，东部和东北、东部和西部、中部和西部、东部和中部的地区间差异呈现逐渐加大的态势，中部和东北的地区间差异呈现逐渐缩小的态势。

（3）从空间演化角度来看，中国城市雾霾的污染重心位于中国几何中心的东侧，偏移方向先向东南后向东北，说明近年来东南地区的污染情况有所好转，而东北地区的情况则有所恶化，这可能与中国政府近些年规范东南地区的外商投资有关。另外，雾霾污染的范围正在缩小，这一现象表明中国治理雾霾工作在减少污染范围方面有一定成效。

第 五 章

基于空间视角下中国城市发展与
雾霾关系的分析

近年来，中国经济快速发展，大气环境状况却不容乐观，雾霾天气频发，严重制约了中国的可持续发展。经济增长与雾霾污染是什么关系？如何实现经济增长与环境保护的协调发展与"双赢"呢？为了回答上述问题，本章运用第二章第四节构建的理论分析框架，即经济增长对雾霾污染的影响机理，并以此为基础，利用 EKC 假说实证检验中国经济发展与雾霾污染的变化关系，为整体把握二者关系提供理论依据。通过文中第四章结论可知，雾霾污染存在显著的空间正相关性，并具有长期稳定的趋势。因此，要想从根本上探索经济增长与雾霾污染的问题，必须充分考虑雾霾的空间溢出效应。基于此，本章最后将构建一个空间面板回归模型，深入分析中国经济增长与城市雾霾的空间效应，以检验社会经济因素是否对雾霾有空间溢出效应（第二章第四节提出的研究假设1），从而为区域雾霾联防联控提供科学依据和参考。本章的研究框架如图5.1所示。

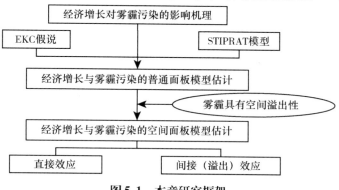

图5.1　本章研究框架

第一节　城市经济增长与雾霾关系的检验：
基于 EKC 框架

一　模型设定

环境经济领域中，广泛采用的环境压力模型 Stiprat 的面板数据形式为：

$$I_{it} = aP_{it}^b A_{it}^c T_{it}^d e \tag{5.1}$$

式（5.1）中，I、P、A 和 T 分别表示环境影响、人口规模、人均财富和技术水平，e 为误差项。两边取自然对数后变形为

$$\ln I_{it} = a + b\ln P_{it} + c\ln A_{it} + d\ln T_{it} + e_{it} \tag{5.2}$$

随机形式的 Stiprat 模型的优点在于不但能将各系数作为参数进行估计，而且还可对各影响因子进行适当的分解和改进[①]。基于此，本书在充分考虑 EKC 假说的基础上，在上述 Stiprat 模型中加入人均收入的三次项和二次项，旨在验证中国城市的雾霾污染是否存在 EKC 假说。依据第二章第四节社会经济因素对雾霾污染的影响机理可知，产业集聚、能源消耗以及对外开放也是形成雾霾污染的重要原因，因此本书将这些变量加入模型（5.2）中并进行扩展，即将模型调整为：

$$\ln PM2.5_{it} = \alpha_i + \beta_1 \ln RGDP_{it} + \beta_2 (\ln RGDP_{it})^2 + \beta_3 (\ln RGDP_{it})^3$$
$$+ \beta_4 \ln pop_{it} + \beta_5 tech_{it} + \beta_6 ind_{it} + \beta_7 \ln ele_{i\ t} + \beta_8 FDI_{it} + \mu_{it}$$
$$\tag{5.3}$$

式（5.3）中，α_i 是常数项，β_1—β_8 为各变量对雾霾污染的待估参数，μ_{it} 为随机误差项，i 表示地区，t 代表时间。

为了减少异方差和异常值对模型估计结果的影响，使得数据更加平稳，各变量在模型回归时应取对数处理。但由于产业结构高级化（ind），科技进步（$tech$）和对外开放（FDI）这三个变量选取的指标本身是比重

[①] Shuai Shao, Lili Yang and Mingbo Yu, "Estimation, Characteristics, and Determinants of Energy-related Industrial CO$_2$ Emissions in Shanghai (China), 1994 – 2009", *Energy Policy*, Vol. 39, No. 10, 2013.

数据（见表5.1），且大多数取值都在 $[0, 1]$ 区间，如果取对数不但造成变量的经济含义难以进行科学解释，对数化后还会出现数值为负的情况，导致回归结果可能不可靠，因此，本书不对这三项指标做对数化处理，其余变量：雾霾（$PM2.5$）、人均GDP（$RGDP$）、人口密度（pop）、全年用电总量（ele）取对数处理，这样可在最大限度上减少异方差和异常值对模型估计结果的消极影响。

二　变量选取及数据来源

考虑到数据的可得性，本书选取2004—2016年中国225个地级及以上城市（因数据缺失，不包括香港、澳门、台湾和西藏）的面板数据。式（5.3）中，被解释变量为城市雾霾污染，以雾霾的关键显示性指标PM2.5浓度表示。解释变量及选取的测度指标说明如下。

（1）经济发展水平（$RGDP$），用人均GDP来度量。为了消除物价等因素的影响，本书以2004年为基期，进行平减处理后得到实际人均GDP。

（2）人口密度（pop）。对于人口规模，由于不同城市在行政区划面积和人口规模方面存在差异，因此，采用人口的绝对规模指标不具有可比性，本书选取人口密度来代表人口集聚对雾霾污染的影响。

（3）科技创新（$tech$）。节能减排的技术创新是雾霾治理的关键途径，对于技术水平，本书采用地方科学支出占地方财政支出比重来表示。

（4）产业结构高级化（ind）。借鉴干春晖等（2011）的研究[1]，采用第三产业占第二产业的产值比重表示。从当前来看，中国以重工业主导的工业化导致了大量的空气污染。而第三产业相比第二产业，带来的空气污染要轻得多。因此，第三产业占第二产业的产值比重越大，表示产业结构高级化的程度越高。[2]

（5）能源消耗（ele）。大量的煤炭燃烧是导致中国雾霾污染的重要原

---

[1]　干春晖、郑若谷、余典范：《中国产业结构变迁对经济增长和波动的影响》，《经济研究》2011年第5期。

[2]　邓创、赵珂、杨婉芬：《中国产业结构变动对经济增长的非线性影响机制——基于面板平滑门限回归模型的实证研究》，《数量经济研究》2018年第2期。

因。由于本书数据的主要来源是 2004—2016 年《中国城市统计年鉴》中地级及以上城市数据，在样本考察期内，该年鉴关于能源结构的数据不可获得。因此，本书参考和借鉴潘文砚、王宗军（2014）的做法[①]，采用各市辖区的全年用电总量作为能源消耗的代理变量。

（6）对外开放（*FDI*）。本书采用外商直接投资（FDI）占 GDP 的比重度量。关于外商直接投资对环境污染的影响，目前学术界主要存在两种不同的观点：一种是"污染天堂"假说，该假说认为 FDI 通过向东道国转移高污染产业，从而导致环境的恶化，加剧雾霾污染；二是"污染晕轮"假说，它认为 FDI 通过引入先进的生产技术和环境友好型产品，可以促进中国环境的改善。[②]

上述变量的解释说明和描述性统计分析见表 5.1 和表 5.2。

表 5.1   数据说明

变量名称	度量指标	缩写	原始数据来源
雾霾	PM2.5 浓度	*PM2.5*	哥伦比亚大学社会经济数据和应用中心
经济发展	人均实际 GDP	*RGDP*	《中国城市统计年鉴》
人口密度	单位面积人口数	*pop*	《中国城市统计年鉴》
产业结构高级化	第三产业/第二产业产值比重	*ind*	《中国城市统计年鉴》
能源消耗	全年用电总量	*ele*	《中国城市统计年鉴》
科技创新	地方科学支出占地方财政支出的比重	*tech*	《中国城市统计年鉴》
对外开放	实际使用外资金额占 GDP 的比重	*FDI*	《中国城市统计年鉴》

注：收集的数据中大概有 1‰ 的数据缺失，本书利用插值法进行了简单统计估计。对基于大样本统计输出的实证结果来说，影响甚微，可忽略不计。

[①] 潘文砚、王宗军：《中国大城市环境效率实证研究》，《城市问题》2014 年第 1 期。

[②] John A. and Catherine Y., "The Effects of Environmental Regulations on Foreign Direct Invest-ment", *Journal of Environmental Economics and Management*, Vol. 40, No. 1, 2000.

表5.2　　　　　　　　　　　　　**变量的描述性统计**

变量名称	样本	均值	中位数	标准差	最小值	最大值
ln$PM2.5$	2925	3.548	3.586	0.468	1.946	4.509
ln$RGDP$	2925	10.070	10.078	0.674	7.739	11.867
lnpop	2925	5.890	6.031	0.801	3.054	7.887
ind	2925	0.823	0.749	0.427	0.094	4.166
lnele	2925	13.081	13.005	1.088	7.718	16.514
$tech$	2925	1.318	0.907	1.376	0.000	20.683
FDI	2925	2.207	1.460	2.202	0.000	18.189

三　实证结果分析

根据β_1、β_2、β_3回归系数的值，可以判定经济增长与雾霾污染的大致关系，即 EKC 的不同形态，具体判定标准①见表5.3。

表5.3　　　　　　　　　　　　**EKC 曲线判定标准**

系数	曲线关系
$\beta_1 = 0$、$\beta_2 = 0$、$\beta_3 = 0$	无关系
$\beta_1 > 0$、$\beta_2 = \beta_3 = 0$	单调递增
$\beta_1 < 0$、$\beta_2 = \beta_3 = 0$	单调递减
$\beta_1 > 0$、$\beta_2 < 0$、$\beta_3 = 0$	倒 "U" 形曲线
$\beta_1 < 0$、$\beta_2 > 0$、$\beta_3 = 0$	"U" 形曲线
$\beta_1 > 0$、$\beta_2 < 0$、$\beta_3 > 0$	"N" 形曲线
$\beta_1 < 0$、$\beta_2 > 0$、$\beta_3 < 0$	倒 "N" 形曲线

本书运用 Eviews 软件，采用 2004—2016 年全国 225 个城市面板数据，依据模型（5.3）进行回归；当回归结果显示三次项人均 GDP 系数不显著时，再剔除三次项人均 GDP，并重新对模型进行回归，最终得到中国城市雾霾污染的环境库兹涅茨曲线回归结果（见表5.4）。

---

①　杜婷婷、毛锋、罗锐：《中国经济增长与 CO_2 排放演化探析》，《中国人口·资源与环境》2007 年第 2 期。

表5.4 全国城市 EKC 曲线回归结果

Variable	Coefficient	Std. Error	t-Statistic	Prob.
c	5.043	0.532	9.482	0.000
$\ln RGDP$	−0.326	0.100	−3.249	0.001
$(\ln RGDP)^2$	0.017	0.005	3.473	0.001
$\ln pop$	−0.047	0.015	−3.059	0.002
ind	0.077	0.013	5.853	0.000
$\ln ele$	0.019	0.007	2.815	0.005
$tech$	−0.011	0.002	−4.288	0.000
FDI	0.009	0.002	5.573	0.000
R-squared	0.955			
Adjusted R-squared	0.951			
Log likelihood	2607.402			
F-statistic	234.166			
Prob (F-statistic)	0.000			

如表5.4所示，各系数在1%显著性水平下均通过检验，R^2为0.955，调整后的R^2为0.951，F值为234.166，P值为0，因此，方程的拟合效果良好。由于$\beta_1 < 0$，$\beta_2 > 0$，$\beta_3 = 0$，所以中国环境库兹涅茨曲线呈现的不是传统的倒"U"形，而是"U"形。经过进一步的计算，可以得出拐点位置位于人均GDP约13648元处。在拐点之前，雾霾随着人均GDP的上升而下降，跨过拐点后，雾霾污染随着经济的增长进一步加剧。这意味着中国经济增长与环境质量还没有实现良好的协调与互动，经济增长与雾霾污染的脱钩阶段尚未到来。从雾霾的影响因素来看，人口密度、产业结构高级化、能源消耗、科技创新和对外开放均对中国雾霾污染有显著的影响。其中，人口密度和科技创新能显著地降低雾霾污染，影响系数分别为−0.047和−0.011；产业结构高级化、能源消耗和对外开放在一定程度上加剧了雾霾污染。

上述"U"形的EKC结果，以及产业结构高级化对雾霾污染的正向影响等结果可能与大多数学者的研究结论不一致。究其原因，很可能是模型中忽略了雾霾的空间依赖性，导致得出的结果可能是有偏误的。[1][2][3]环境污染具有显著的空间溢出性，这一点已被国内外学者普遍证实。在第四章空间自相关分析中，也得出了雾霾污染存在明显的空间聚集效应。基于此，接下来本书将空间因素纳入模型，进一步构建城市经济增长与雾霾污染的空间面板模型。

第二节　纳入空间溢出效应的 EKC 检验

一　空间计量模型设定

（一）模型简介

空间计量模型可以有效地解决传统计量模型中忽略的空间依赖性问题，因此在近年来得到了广泛关注与应用。常见的处理空间依赖性的空间回归模型主要包括空间滞后模型（The Spatial Lag Model，SLM）、空间误差模型（The Spatial Error Model，SEM）和空间杜宾模型（The Spatial Dubin Model，SDM）等。[4]

由于 SLM 与时间序列中的自回归模型有类似之处，因此，也可以称其为空间自回归模型（The Spatial Autoregression Model，SAR）。SAR 模型可以用来研究各解释变量在某地区是否存在空间扩散或溢出效应，它的结果体现在被解释变量上，即一个区域内被解释变量的一部分值由与之相邻区域的被解释变量所决定，表达公式为：

$$y = \rho W y + X\beta + \varepsilon，\varepsilon \sim N(0,\delta^2) \tag{5.4}$$

式（5.4）中，y 是 $n \times 1$ 维的被解释向量；X 是解释变量，表示 $n \times k$ 的矩阵；β 表示 X 的回归系数矩阵，为 $k \times 1$ 的向量；W 表示为 $n \times n$ 维的

① Dinda S. , "A Theoretical Basis for the Environmental Kuznets Curve", *Ecological Economics*, Vol. 53, No. 3, 2005.

② 吴玉鸣、田斌：《省域环境库兹涅茨曲线的扩展及其决定因素——空间计量经济学模型实证》，《地理研究》2012 年第 4 期。

③ 孙攀、吴玉鸣、鲍曙明等：《经济增长与雾霾污染治理：空间环境库兹涅茨曲线检验》，《南方经济》2019 年第 12 期。

④ 马丽梅、张晓：《区域大气污染空间效应及产业结构影响》，《中国人口·资源与环境》2014 年第 7 期。

空间权重矩阵，Wy 表示内生变量，反映了空间距离对区域行为的作用；ρ 表示内生交互效应（Wy）的系数，其大小反映空间扩散或空间溢出的程度，如果 ρ 显著，表明被解释变量之间存在一定的空间依赖[①]；ε 是随机误差项，服从正态分布。

当模型的误差项在空间上存在相关时，即为空间误差模型（SEM），表达公式为：

$$y = X\beta + u, \ u = \lambda Wu + \varepsilon, \varepsilon \sim N(0, \delta^2) \quad (5.5)$$

式（5.5）中，u 表示误差，λ 是回归残差之间空间相关系数，代表除解释变量以外的具有空间性质的因素影响到随机误差项中，使得随机误差项具有空间相关性；ε 是随机误差项，服从正态分布。

SDM 是上述两个模型的更一般化形式，它同时包含了内生交互效应（Wy）和外生交互效应（Wx），因此既考虑了被解释变量的空间相关性，又可以解决解释变量中的空间相关性，其数学表达公式为：

$$y = \rho Wy + X\beta + \gamma Wx + \varepsilon, \ \varepsilon \sim N(0, \delta^2) \quad (5.6)$$

式（5.6）中，γ 是外生交互效应（Wx）的系数。当 $\gamma = 0$ 时，SDM 模型退化为 SAR 模型；当 $\gamma = -\rho\beta$ 时，SDM 模型则退化为 SEM 模型。

在前面的普通面板回归模型（5.3）中，虽然可以估计经济增长对雾霾污染的影响，但是忽略了空间因素。本节以模型（5.3）为基础，通过建立空间权重矩阵 W，进一步构建空间效应下经济增长对中国城市雾霾的面板回归模型如下。

SAR：

$$\ln PM2.5_{it} = \alpha_i + \rho w_{ij} \ln PM2.5_{jt} + \beta_1 \ln RGDP_{it} + \beta_2 (\ln RGDP_{it})^2 +$$
$$+ \beta_3 \ln pop_{it} + \beta_4 tech_{it} + \beta_5 ind_{it} + \beta_6 \ln ele_{it} + \beta_7 FDI_{it} + \varepsilon$$
$$(5.7)$$

SEM：

$$\ln PM2.5_{it} = \alpha_i + \beta_1 \ln RGDP_{it} + \beta_2 (\ln RGDP_{it})^2 + \beta_3 \ln pop_{it}$$
$$+ \beta_4 tech_{it} + \beta_5 ind_{it} + \beta_6 \ln ele_{it} + \beta_7 FDI_{it} + \mu_{it} \quad (5.8)$$

---

① 周亮、周成虎、杨帆、王波、孙东琪：《2000—2011 年中国 PM2.5 时空演化特征及驱动因素解析》，《地理学报》2017 年第 1 期。

SDM:

$$\ln PM2.5_{it} = \alpha_i + \rho w_{ij}\ln PM2.5_{jt} + \beta_1\ln RGDP_{it} + \beta_2(\ln RGDP_{it})^2$$
$$+ \beta_3\ln pop_{it} + \beta_4 tech_{it} + \beta_5 ind_{it} + \beta_6\ln ele_{it} + \beta_7 FDI_{it}$$
$$+ \beta_8 w_{ij}\ln RGDP_{it} + \beta_9 w_{ij}(\ln RGDP_{it})^2 + \varepsilon \qquad (5.9)$$

式（5.7）—式（5.9）中，$\mu_{ij} = \lambda w_{ij}\mu_{jt} + \varepsilon$，$\varepsilon \sim N(0, \delta^2)$；$w_{ij}$ 代表 i 地区与 j 地区之间的空间权重矩阵；ρ 表示内生交互效应的系数，反映了样本观察值中的空间依赖作用，即相邻地区的雾霾污染对本地区雾霾污染的影响方向和程度；$\beta_n (n = 1,2,3,\cdots,9)$ 为各影响因素的待估参数；λ 是回归残差之间空间相关系数，代表除经济发展水平、人口密度、产业结构高级化、能源消耗、科技创新和对外开放等因素以外的空间影响；ε 是随机误差项，服从正态分布；i 代表各个城市，t 代表时间。

（二）空间权重矩阵的确定

空间权重矩阵所指的是研究变量在不同区域之间的空间分布特征，研究变量的这种空间分布特征可以通过运用一个二元对称空间权重矩阵 W 来表示变量在几个区域之间的邻接关系，该矩阵表现形式如下：

$$W = \begin{bmatrix} W_{11} & W_{12} & \cdots & W_{1n} \\ W_{21} & W_{22} & \cdots & W_{2n} \\ \cdots & \cdots & \cdots & \cdots \\ W_{n1} & W_{n2} & \cdots & W_{nn} \end{bmatrix} \qquad (5.10)$$

其中，n 表示研究区域的数量；W_{ij} 表示区域 i 和区域 j 的空间分布关系。

空间计量经济学中，常用的空间权重矩阵有邻接矩阵和距离矩阵等。对于邻接矩阵，定义区域 i 和区域 j 若相邻（具有共同的顶点或者临边），那么 W_{ij} 等于 1，否则 W_{ij} 等于 0。

$$W_{ij} = \begin{cases} 1, i \text{ 地区与 } j \text{ 地区相邻} \\ 0, i \text{ 地区与 } j \text{ 地区不相邻} \end{cases} \quad (i \neq j) \qquad (5.11)$$

考虑到城市雾霾具有明显的流动性和城际传输性，不仅同区域与区域之间是否邻接有关，更是同区域与区域之间的距离密切相关。一般来说，城市之间的距离越近，雾霾污染的跨区域传输能力就越强；反之，则雾霾污染的跨区域传输能力就越弱。因此,本书实证部分借鉴孙攀等(2019)的研究[①],基于距离原则设定空间权重矩阵,即用距离的倒数来度量不同城市之间的空间距离,公式如下:

$$W_{ij} = \begin{cases} \dfrac{1}{d_{ij}}, i \neq j \\ 0, i = j \end{cases} \tag{5.12}$$

式(5.12)中,d_{ij} 是第 i 个地理空间位置与第 j 个地理空间位置之间的距离,可以用城市的经度和纬度来计算。本书运用 225 个地级及以上城市的经纬度,借助 Stata 15.0 软件运算完成 W_{ij}。

二 实证结果分析

(一)空间自相关性检验

依据空间计量经济学原理,是否需要在普通面板模型的基础上加入空间效应,取决于中国 225 个城市的雾霾污染与经济增长变量是否存在空间自相关特征。因此,采用全局 Moran's I 指数对城市雾霾污染及人均GDP 变量的空间相关性进行检验,如表 5.5 所示。

表5.5 空间自相关性检验结果

年份	ln$PM2.5$	p-value	ln$RGDP$	p-value
2004	0.177	0.0000	0.112	0.0000
2005	0.184	0.0000	0.108	0.0000
2006	0.191	0.0000	0.114	0.0000
2007	0.200	0.0000	0.103	0.0000
2008	0.181	0.0000	0.112	0.0000
2009	0.176	0.0000	0.116	0.0000
2010	0.184	0.0000	0.113	0.0000

---

① 孙攀、吴玉鸣、鲍曙明等:《经济增长与雾霾污染治理:空间环境库兹涅茨曲线检验》,《南方经济》2019 年第 12 期。

年份	ln$PM2.5$	p-value	ln$RGDP$	p-value
2011	0.189	0.0000	0.107	0.0000
2012	0.184	0.0000	0.103	0.0000
2013	0.205	0.0000	0.11	0.0000
2014	0.176	0.0000	0.097	0.0000
2015	0.221	0.0000	0.094	0.0000
2016	0.221	0.0000	0.091	0.0000

由表5.5可知，上述变量的 Moran's I 指数在所有年份均通过了显著性检验，说明变量在空间分布上具有显著的空间依赖特征，呈现相似值之间的空间集聚。因此，在研究城市经济增长与雾霾污染之间的关系时，空间效应不容忽视，需要引入空间计量面板模型。

（二）回归结果分析

本部分在充分考虑雾霾污染的空间依赖性特征的基础上，依据式（5.7）、式（5.8）和式（5.9），构建空间效应下城市雾霾与雾霾污染的 SAR 模型、SEM 和 SDM，并运用极大似然估计法（Maximum likelihood）进行参数估计，结果如表5.6所示。

表5.6　　　　　　　SAR、SEM 与 SDM 的估计结果比较

变量	SAR 模型		SEM 模型		SDM 模型	
	系数值	t 值	系数值	t 值	系数值	t 值
ln$RGDP$	-0.229	-1.18	-0.131	-0.66	-0.119	-0.58
(ln$RGDP$)^2	0.009	0.97	0.004	0.38	0.002	0.22
lnpop	0.327 ***	43.20	0.387 ***	46.69	0.354 ***	34.51
ind	-0.110 ***	-8.39	-0.138 ***	-10.56	-0.114 ***	-8.44
lnele	-0.019 ***	-2.61	-0.030 ***	-4.27	-0.024 ***	-3.29
$tech$	-0.006	-1.14	0.006	1.15	0.001	0.21
FDI	0.012 ***	4.22	0.013 ***	4.61	0.008 ***	2.70
ρ	0.966 ***	102.49			0.960 ***	88.21

续表

变量	SAR 模型		SEM 模型		SDM 模型	
	系数值	t 值	系数值	t 值	系数值	t 值
λ			0.975 ***	141.55		
$W \times \ln RGDP$					4.075 **	2.31
$W \times (\ln RGDP)^2$					−0.181 **	−2.06
$W \times \ln pop$					−0.287 ***	−4.46
$W \times ind$					0.001	0.00
$W \times \ln ele$					0.667 ***	7.69
$W \times tech$					−0.142 ***	−3.71
$W \times FDI$					0.111 ***	4.35

注：***、**、* 分别表示在1%、5%、10%水平上显著。

从上述三个空间回归模型的结果来看，ρ 作为内生交互效应（$W *$ $\ln PM2.5$）的系数，在 SAR 和 SDM 模型中的估计值分别为 0.966 和 0.960，并且均在 1% 的水平下显著。这意味着被解释变量 PM2.5 之间存在很强的空间依赖，在控制其他解释变量的情况下，邻近地区的 PM2.5 每增加 1 个百分点，将导致本地区 PM2.5 至少增加 0.96 个百分点。由此可见，PM2.5 污染存在显著的"局部俱乐部集团"效应，邻近区域的雾霾污染对本地有正向影响，体现了雾霾的空间溢出效应，这也意味着雾霾污染的治理必须考虑区域之间的联防联控和联防联治。SEM 模型的结果可以看出，λ 作为回归残差之间空间相关系数，系数值为 0.975，且在 1% 水平下显著，说明在解释变量以外，可能存在遗漏的解释变量并且它们也具有空间上显著的交互效应。进一步对解释变量进行分析，从表5.6 中可以看出：在不考虑空间溢出效应的情况下，三个模型中，人口密度和对外开放均对雾霾污染具有正向的影响，即加剧了雾霾污染，且结果十分显著。产业结构高级化和能源消耗对雾霾污染都有显著的负向影响，即缓解了雾霾污染。人均 GDP（一次性和二次项）与科技创新变量在三个模型中均不显著。

三 空间计量模型的检验

为了确定上述空间计量模型的具体形式，本书进一步进行了 LM（lag）检验和稳健的 Robust LM（lag）检验、Wald 检验、LR 检验以及 Hausman 检验，如表5.7 所示。

表5.7 空间计量模型检验

检验	统计量	检验	统计量
LM（lag）test	3876. 5797 *** (0. 000)	Wald_ spatial_ lag	106. 0960 *** (0. 000)
Robust LM（lag）test	12. 3749 *** (0. 000)	LR_ spatial_ lag	105. 9177 *** (0. 000)
LM（error）test	7426. 5043 *** (0. 000)	Wald_ spatial_ error	119. 7944 *** (0. 000)
Robust LM（error）test	3562. 2994 *** (0. 000)	LR_ spatial_ error	121. 5531 *** (0. 000)
Hausman test	-3697. 44		

注：括号内为 P 值，*** 表示在1%水平上显著。

根据 LeSage 和 Pace（2009）[①] 的研究，LM（lag）test 和 LM（error）分别用于检验空间 SAR 模型和 SEM。从表中可以看出，LM（lag）test 和 LM（error）均拒绝了原假设，并在1%水平下显著，即拒绝了没有空间滞后项和没有空间自相关误差项的原假设。此时，进一步看 Robust LM（lag）和 Robust LM（error）的检验结果，发现两者都通过了1%的显著性检验，故而初步判断选择空间 SDM 模型。接下来，再进行 Wald 检验和 LR 检验 SDM 模型是否可以退化为 SAR 模型或 SEM。[②] 由表可知，Wald_

---

① LeSage J. and Pace R. K. , eds. , *Introduction to Spatial Econometrics*, Boca Raton：CRC Press，Taylor & Francis Group，2009.

② Elhorst J. P. , "Specification and Estimation of Spatial Panel Data Models", *International Regional Science Review*, Vol. 26, No. 3, 2003.

spatial_ lag（error）统计量与 LR_ spatial_ lag（error）统计量均拒绝了原假设，且结果十分显著。这表明最终的模型既不能退化为 SAR 模型，也不能简单退化为 SEM，而必须选用 SDM 模型。最后一步，进行空间 Hausman 检验，以确定是选择随机效应还是固定效应。由表中结果可知，Hausman 检验的卡方值为负数。根据连玉君等（2014）[1] 和 Schreiber（2008）[2] 的研究结论，Hausman 检验出现负值可以视为拒绝原假设，故本书选择固定效应。综上所述，本书最终选择固定效应空间 SDM 模型进行估计。上述程序由 Matlab14.0 软件完成。

四 解释变量空间效应的分解

通过 5.2.3 的分析判断，筛选确定了固定效应的 SDM。依据表 5.6，可以进行中国城市经济增长与雾霾污染的空间关系分析。但是，根据 LeSage 和 Pace（2009）的研究，由于存在反馈效应，表中的系数估计值并不能代表真实准确的偏回归系数。为了解决这一问题，需要采用偏微分方法[3]，将总效应（Total Effect）进行分解，测算出由于空间依赖性产生的直接效应（Direct Effect）和间接效应（Indirect Effect）。其中，总效应代表的是自变量对所有地区的平均影响，直接效应表示自变量对本地区的平均影响，而间接效应指的是自变量对邻近地区的平均影响。基于此，可将 SDM 模型表示为：

$$(I_n - \rho W) Y = X\beta + WX\theta + l_n\alpha + \varepsilon \tag{5.13}$$

式（5.13）可进一步改写为：

$$Y = \sum_{n=1}^{k} S_r(W) x_r + V(W) l_n\alpha + V(W)\varepsilon \tag{5.14}$$

其中，$S_r(W) = V(W)(I_n\beta_r + W\theta_r)$，

① 连玉君、王闻达、叶汝财：《Hausman 检验统计量有效性的 Monte Carlo 模拟分析》，《数理统计与管理》2014 年第 5 期。

② Sven Schreiber, "The Hausman Test Statistic Can be Negative Even Asymptotically", *Journal of Economics and Statistics*, Vol. 228, No. 4, 2008.

③ LeSage J. and Pace R. K., eds., *Introduction to Spatial Econometrics*, Boca Raton：CRC Press, Taylor & Francis Group, 2009.

$$V(W) = (I_n - \rho W)^{-1} = I_n + \rho W + \rho^2 W^2 + \rho^3 W^3 + \cdots$$

将式（5.14）进一步矩阵化为：

$$\begin{bmatrix} y_1 \\ y_2 \\ \vdots \\ y_n \end{bmatrix} = \sum_{n=1}^{k} \begin{bmatrix} S_r(W)_{11} & S_r(W)_{12} & \cdots & S_r(W)_{1n} \\ S_r(W)_{21} & S_r(W)_{22} & \cdots & S_r(W)_{2n} \\ \vdots & \vdots & \ddots & \vdots \\ S_r(W)_{n1} & S_r(W)_{n2} & \cdots & S_r(W)_{nn} \end{bmatrix} \quad (5.15)$$

以 $S_r(W_{ij})$ 代表 $S_r(W)$ 中的第 i 行、第 j 列元素，$V(W)_i$ 代表 $V(W)$ 的第 i 行。

$$y_i = \sum_{n=1}^{k} [S_r(W)_{i1}x_{1r} + S_r(W)_{i2}x_{2r} + \cdots + S_r(W)_{in}x_{nr}] + V(W)l_n\alpha + V(W)\varepsilon \quad (5.16)$$

其中，总效应等于矩阵 $S_r(W)$ 总的平均值，直接效应为 $S_r(W)$ 中对角线元素和的平均值，而间接效应则是 $S_r(W)$ 非对角线元素和的平均值，等于总效应减去直接效应。

在本书中，直接效应指的是本地的经济发展水平、人口密度、产业结构高级化、能源消耗、科技创新和对外开放这些影响因素对本地雾霾污染的影响。间接效应指的是邻近地区的影响因素对本地雾霾污染的影响，也可以认为是本地影响因素对邻近地区雾霾污染的影响。因此，间接效应也可以称为空间溢出效应。SDM 的效应分解结果如表5.8所示。

表5.8　　　　　　　SDM 直接效应和间接效应分解

变量名称	直接效应	t 统计量	间接效应	t 统计量	总效应	t 统计量
ln$RGDP$	0.569**	1.98	0.023*	1.70	0.592*	1.71
(ln$RGDP$)^2	-0.025	-1.64	-0.001*	-1.82	-0.026*	-1.73
lnpop	0.361***	35.34	1.545	0.84	1.906	1.04
ind	-0.127***	-5.25	-2.763	-0.64	-2.890	-0.66
lnele	0.055*	1.75	17.270**	2.45	17.325**	2.45
$tech$	-0.016*	-1.85	-3.881**	-2.12	-3.897**	-2.12
FDI	0.023***	3.36	3.201**	2.25	3.224**	2.26

注：***，**，*分别表示在1%、5%、10%水平上显著。

对比表 5.6，可以发现，表 5.8 中直接效应与间接效应的估计结果与表 5.6 中 SDM 模型对应指标的估计稍稍有一些变化，依据 LeSage 和 Pace（2009）的研究，出现上述变化是空间溢出性导致的。[①]

由表 5.8 可以看出，直接效应下，绝大多数变量均通过了显著性检验。其中，人均 GDP 的一次性为正，二次项不显著，即本地的经济发展显著加剧了本地的雾霾污染。出现这种结果的原因主要在于，中国长期以来的经济发展方式是以牺牲资源和环境为代价的粗放型，不仅造成了资源和能源的大量消耗，还导致了严重的雾霾污染及其他环境问题。此外，人口密度对雾霾污染有显著的正向作用。具体而言，当本地人口密度每增加 1% 时，当地雾霾污染将加剧 0.361%。这主要是由于人口集聚的规模效应导致的。随着中国城镇化的快速发展，大量人口聚集到空间范围相对有限的城市内，导致对区域资源、交通及能耗的增加，从而加剧了本地的雾霾污染。从产业结构高级化来看，三产占二产产值的比重越高，对雾霾污染的抑制作用越大，其影响系数为 - 0.127。即第三产业所带动的产业结构优化升级发挥了显著的正外部性，有助于减少雾霾污染的排放，改善大气环境的质量。由此可见，加快中国产业结构的转型和升级刻不容缓。能源消耗方面，从表 5.8 中结果可知，能源消耗显著加剧了雾霾污染，影响系数为 0.055。也就是说，当本地能源消耗每增加 1% 时，雾霾污染将增加 0.055%。究其原因，一是伴随着经济增长，中国的能源消费总量呈现爆发式增长。通过查阅 BP 数据库发现[②]，中国能源消费总额从 1998 年的 944 百万吨油当量上升到 2018 年的 3273.5 百万吨油当量，年均增速高达 12.34%。二是中国以煤炭为绝对主导的能源结构不合理，严重加剧了雾霾污染。因此，减少能源消耗，调整能源结构是雾霾治理的重中之重。科技创新方面，科学支出占地方财政支出比重越高，对雾霾污染的减排作用越大。这主要是因为科学支出有助于降低企业的研发成本，进而提升城市环境效率，改善雾霾污染。具体来说，

---

① LeSage J. and Pace R. K., eds., *Introduction to Spatial Econometrics*, Boca Raton: CRC Press, Taylor & Francis Group, 2009.

② 根据 BP 石油公司数据库数据整理而得，http://tools.bp.com/energy - charting - tool。

地方科学支出占比每提高 1%，雾霾污染则下降 0.016%。而对外开放对中国城市雾霾存在显著的正效应，影响系数为 0.023。即实际使用外资金额占 GDP 比重每提高 1% 时，PM2.5 浓度将增加 0.023%。这个结论与"污染天堂"假说是相一致的，说明在研究期间内，中国可能承接了国外大量的高污染高能耗产业，导致 FDI 对雾霾产生了促增效应。因此，中国要严格引导 FDI 的流向，提高外资环境准入门槛。

从间接效应上看，除了人口密度和产业结构高级化指标，其他影响因素的系数均通过了显著性检验。其中，人均 GDP 的一次项为正，二次项为负，服从 EKC 假说。这意味着随着邻近地区的经济增长，本地的雾霾污染将呈现先上升后下降的倒"U"形空间溢出特征。这种"非线性"的空间影响，一方面说明传统的粗放式经济增长难以为继，不仅不能有效解决雾霾问题，反而可能导致污染伴随经济增长一同增加；另一方面也充分体现了高污染高能耗的粗放式经济增长不仅污染了当地环境，同时也影响了邻近地区的空气质量，是一个"损人不利己"的结果。要想实现经济发展与环境质量的良性发展，必须加快经济发展方式的转变，加强跨地区的联防联控和经济合作，从而促进相邻地区"一荣俱荣"的双赢局面。此外，邻近地区能源消耗、科技创新与对外开放对本地雾霾污染的影响系数分别为 17.270、−3.881、3.201，且均在 5% 水平下显著，该结果反映了邻近地区的影响因素对本地雾霾有显著的空间溢出效应，有力地支持了第二章提出的研究假设 1：社会经济因素对雾霾污染存在空间溢出效应。并且对比间接效应和直接效应的影响系数可以看出，区域间的溢出效应要大于区域内的溢出效应，再次体现了跨地区污染治理中联防联控与联防联治的重要性和必要性。

第三节　本章小结

本章基于经济增长对雾霾污染的影响机理，利用 EKC 假说，估计和比较了普通面板回归模型和空间面板回归模型在中国城市雾霾污染问题上的适应性。通过空间计量模型检验，从 SAR、SEM 和 SDM 三类空间面板模型中最终确定了 SDM，探讨了中国城市雾霾污染的影响因素，包括经济发展水平、人口密度、产业结构高级化、能源结构、科技创新和对外开放。并从直接效应和间接效应的角度，深入分析了中国城市发展与雾霾污染的空间效应，具体结论如下。

（1）中国城市雾霾污染有明显的空间溢出性。本地的雾霾污染显著地受到邻近地区雾霾的影响。具体而言，邻近地区的 PM2.5 每增加 1%，将导致本地区 PM2.5 增加 0.96%。由此可见，PM2.5 污染存在显著的"局部俱乐部集团"效应，中国雾霾污染具有趋同的态势。

（2）从直接效应来看，经济发展显著加剧了本地的雾霾污染。此外，人口密度、能源消耗、对外开放对雾霾污染均有显著的正向作用，影响系数分别是 0.361、0.055 和 0.023。产业结构高级化、科技创新能显著地抑制雾霾的排放，影响系数分别是 −0.127 和 −0.016。

（3）从间接效应来看，中国城市经济发展对邻近地区的雾霾污染呈倒"U"形空间溢出性，服从 EKC 假说。此外，邻近地区能源消耗、科技创新与对外开放对本地雾霾污染的影响系数分别为 17.270、−3.881、3.201，反映了邻近地区的上述影响因素对本地雾霾也有显著的空间溢出效应，并且对比间接效应和直接效应的影响系数可以看出，区域间的溢出效应要大于区域内的溢出效应。这一结论有力地验证了第二章提出的研究假设 1：社会经济因素对雾霾污染存在空间溢出效应。

综上所述，要想实现经济发展与环境质量的良性发展，必须加快经济发展方式的转变，加强跨地区的联防联控和经济合作，从而促进相邻地区"一荣俱荣"的双赢局面。

第 六 章

基于门槛效应的中国城市雾霾
影响因素分析

上一章通过建立普通面板模型和空间杜宾模型，探讨了中国城市发展与雾霾污染的关系，结果表明，中国雾霾污染存在显著的空间溢出效应，并且社会经济因素对雾霾污染也存在着空间溢出效应。然而，依据环境库兹涅茨曲线假说和前文的分析可知，经济增长与雾霾污染之间并非是简单的线性关系。显然，这没有考虑到非线性变换的空间计量分析难以探究其动态过程及机制变化。基于 EKC 曲线非线性项和空间关联的存在，本章将构建一个空间面板平滑转移回归模型，该模型不但能考虑区域之间的空间依赖，而且可以探究在不同区制下影响机制可能存在的差异，并以此进一步考察在空间作用下不同社会经济因素对雾霾的非线性影响（检验第二章第四节提出的研究假设 2），从而更好地识别影响雾霾污染的关键因素，对科学和全面把握中国城市雾霾的时变特征和规律具有重要意义，也为政府出台有效的联防联控的治理雾霾对策提供理论和实践上的支持。

第一节　空间面板平滑转移回归模型

一　模型的提出

长期以来，线性空间计量模型在实证研究中都得到了广泛的运用。①②③ 这类模型通过引入空间权重矩阵，可以处理不同经济单元之间在空间上的复杂依赖关系。在模型的设定与选择方面，众多学者采用了 LM 检验来选择空间自相关模型和空间误差模型。其中，Burridge（1980），Anselin（1996）等具体研究和分析了 LM 检验的判别原理。④⑤ 龙志和等（2013）、Greene 和 McKenzie（2015）分别研究了面板数据 SEC 模型和 Probit 随机效应模型的 LM 检验。⑥⑦ 陶长琪和杨海文（2014）探究了 LM 检验的适用模型，并进一步分析了空间计量模型的选择问题。⑧ 在模型的估计方面，Elhorst（2001）分析了极大似然估计（ML）、误差修正法（LSDV）和广义矩估计（GMM）的估计偏差和时间复杂度，并进行了方法比较。⑨ Lee 和 Yu（2010）介绍了空间面板模型的一些最新发展，在考察了不同的静态和动态空间面板模型的基础上，采用蒙特卡洛的方法研究了模型误设的可能后果和参数估计的样本性质。⑩ Lee 和 Yu（2011）讨论了用拟极大似然估计和广义矩估计法来估计固定效应和随机效应模型，并给出了估计量的渐近性质。⑪ Yu 等（2012）探究了不稳定情形即存在

①　李婧、谭清美、白俊红：《中国区域创新生产的空间计量分析——基于静态与动态空间面板模型的实证研究》，《管理世界》2010 年第 7 期。

②　邵帅、李欣、曹建华等：《中国雾霾污染治理的经济政策选择——基于空间溢出效应的视角》，《经济研究》2016 年第 9 期。

③　苏屹、林周周：《区域创新活动的空间效应及影响因素研究》，《数量经济技术经济研究》2017 年第 11 期。

④　Burridge P., "On the Cliff-Ord Test for Spatial Autocorrelation", *Journal of the Royal Statistical Society B*, No. 42, 1980.

⑤　Anselin L., Bera A. K., Florax R. and Yoon M. J., "Simple Diagnostic Tests for Spatial Dependence", *Regional Science and Urban Economics*, Vol. 26, No. 1, 1996.

⑥　龙志和、陈青青、林光平：《面板数据空间误差分量模型的空间相关性检验》，《系统工程理论与实践》2013 年第 1 期。

⑦　Greene W. and McKenzie C., "An LM Test Based on Generalized Residuals for Random Effects in a Nonlinear Model", *Economics Letters*, No. 127, 2015.

⑧　陶长琪、杨海文：《空间计量模型选择及其模拟分析》，《统计研究》2014 年第 8 期。

⑨　Elhorst J. P., "Dynamic Models in Space and Time", *Geographical Analysis*, Vol. 33, No. 2, 2001.

⑩　Lee L. and Yu J., "Some Recent Developments in Spatial Panel Data Models", *Regional Science and Urban Economics*, Vol. 40, No. 5, 2010.

⑪　Lee L. and Yu J., "Estimation of Spatial Panels", *Foundations and Trends ⓒ in Econometrics*, Vol. 4, No. 1 - 2, 2011.

单位根情况下的拟极大似然（QML）估计，同时考虑了当 T 较小时的两阶段最小二乘法（2SLS）估计和广义矩估计。①

　　目前，已有众多学者运用线性空间计量模型对影响雾霾的因素进行了研究，并取得了一些有益的成果。如马丽梅和张晓（2014）采用空间滞后模型和空间误差模型，发现中国的雾霾污染存在显著的空间正相关特征，雾霾污染水平随人均 GDP 和煤炭消费比重的提升均呈单调上升态势。② 向堃和宋德勇（2015）选取了 6 年的间隔年份数据，采用非空间交互模型和空间杜宾模型考察了雾霾污染的经济动因。③ 邵帅等（2016）选取 1998—2012 年中国省域 PM2.5 数据，采用动态空间面板模型和系统广义矩估计方法，发现中国省域雾霾污染呈现明显的空间溢出效应和高排放俱乐部集聚特征。④ 刘海猛等（2018）运用空间自相关分析和空间滞后、空间误差和空间杜宾模型分析了 2000—2014 年京津冀城市群大气污染的时空特征，并对自然与人文影响因素的贡献及空间溢出效应进行分析。⑤ 尽管上述面板空间模型考虑到了空间差异性与空间相关性，但几乎都忽略了数据中可能存在的非线性特征，导致线性模型可能存在模型误设的问题。⑥

　　近年来，非线性模型受到了越来越多的关注。其中，平滑转移自回归模型（Smooth Transition Autoregressive Regression，STAR）是由 Granger

① Yu J., Jong R. D. and Lee L. F., "Estimation for Spatial Dynamic Panel Data with Fixed Effects: The Case of Spatial Cointegration", *Journal of Econometrics*, Vol. 167, No. 1, 2012.

② 马丽梅、张晓：《中国雾霾污染的空间效应及经济、能源结构影响》，《中国工业经济》2014 年第 4 期。

③ 向堃、宋德勇：《中国省域 PM2.5 污染的空间实证研究》，《中国人口·资源与环境》2015 年第 9 期。

④ 邵帅、李欣、曹建华等：《中国雾霾污染治理的经济政策选择——基于空间溢出效应的视角》，《经济研究》2016 年第 9 期。

⑤ 刘海猛、方创琳、黄解军等：《京津冀城市群大气污染的时空特征与影响因素解析》，《地理学报》2018 年第 1 期。

⑥ Basile R., Durbán M., Mínguez M., et al., "Modeling Regional Economic Dynamics: Spatial Dependence, Spatial Heterogeneity and Nonlinearities", *Journal of Economic Dynamics and Control*, No. 48, 2014.

和 *Teräsvirta*（1993）提出的一种变系数的时间序列模型。[①] 该模型刻画了不同区制间的平滑转换，其转移动态是建立在一个允许转移过程中发生平滑变化的连续的转移函数基础上。在研究面板数据的非线性问题时，Hansen（1999）提出了静态面板下的门槛回归模型及其估计、检验和推断[②]，并被其他学者广泛运用。但是，该模型条件下的回归系数在不同区制间的转换是突然的，这种变量在临界值点瞬间转换不同状态的特点并不符合经济社会发展的现实规律。为了解决这一问题，González 等（2005）在面板门槛回归模型和平滑转移自回归模型的基础上，设立了含有外生解释变量的逻辑斯蒂函数形式的转移函数，并创建了面板平滑转换回归模型（PSTR）。[③] 当模型中包含内生变量时，Caner 和 Hansen（2004）提出了门槛模型的工具变量（IV）估计方法。[④]

　　国内有部分学者对 STAR 模型进行了应用与研究。如王成勇、艾春荣（2010）运用 STAR 模型来分析中国经济增长的非线性动态结构。[⑤] 黄智淋等（2014）基于中国 31 个省份 1979—2011 年的面板数据，运用面板平滑转换回归模型，考察了通货膨胀与经济增长之间的非线性关系。[⑥] 邵汉华、刘耀彬（2017）基于 2000—2014 年中国省域面板数据，利用 STAR 模型实证检验了金融发展和碳排放之间的关系。[⑦] 邓创等（2018）采用 STAR 模型实证研究了产业结构变动对经济增长的非线性影

[①] Granger, C. W. J., Teräsvirta T., "Modelling Nonlinear Economic Relationships", *Oxford University econometric*, No. 25, 1993.

[②] Hansen B. E., "Threshold Effects in Non-dynamic Panels: Estimation, Testing, and Inference", *Journal of Econometrics*, Vol. 93, No. 2, 1999.

[③] González A., Tersvirta T. and Dijk D. V., "Panel Smooth Transition Regression Models", *Research Paper*, 2005.

[④] Caner M. and Hansen B. E., "Instrumental Variable Estimation of a Threshold Model", *Econometric Theory*, Vol. 20, No. 5, 2004.

[⑤] 王成勇、艾春荣：《中国经济周期阶段的非线性平滑转换》，《经济研究》2010 年第 3 期。

[⑥] 黄智淋、成禹同、董志勇：《通货膨胀与经济增长的非线性门限效应——基于面板数据平滑转换回归模型的实证分析》，《南开经济研究》2014 年第 4 期。

[⑦] 邵汉华、刘耀彬：《金融发展与碳排放的非线性关系研究——基于面板平滑转换模型的实证检验》，《软科学》2017 年第 5 期。

响机制。[①] 上述 STAR 模型注意到了经济金融数据中的非线性现象，但由于空间单元不是独立存在的，不同空间单元之间存在着扩散与溢出效应，从而使各空间单元形成了一个复杂网络[②]，可见，STAR 模型没有考虑不同经济单元之间的空间依赖性，难以处理和解决空间作用的影响。

因此，将空间面板模型与 STAR 模型结合起来的非线性空间面板模型的研究开始兴起。Pede（2010）运用空间 STAR 模型研究了地区之间经济发展过程中的空间关系。[③] 在 Pede（2010）的基础上，Lambert 等（2014）利用空间 STAR 模型来分析美国东部地区从 2000—2008 年的收入和就业关系，发现高速公路网络对就业有正向影响，但对收入影响不大。[④] Pede 等（2014）从理论上得到了对是否存在非线性和各种空间依赖进行检验的 LM 检验法，并采用蒙特卡洛模拟的方法分析 LM 检验法的小样本表现以及检验功效，最后用一个空间自回归平滑转移模型来分析美国各县的经济增长的收敛性问题，研究发现上述收敛性既有空间依赖，又存在两种区制上的区别。[⑤]

综上可知，空间面板平滑转移回归模型的理论和应用研究都还处于起步阶段。尽管少量研究对非线性空间面板模型进行了有益的扩展，但却往往只讨论了空间自回归模型，对更加复杂的既有空间自回归又有空间误差的非线性平滑转移模型的研究还非常少见。因为雾霾具有流动性和空间溢出性，所以雾霾污染与经济增长之间并不是简单的线性关系。依据环境库兹涅茨曲线假说，经济增长的初期雾霾污染不断加剧，直到

---

① 邓创、赵珂、杨婉芬：《中国产业结构变动对经济增长的非线性影响机制——基于面板平滑门限回归模型的实证研究》，《数量经济研究》2018 年第 2 期。

② 赵玉、刘耀彬、严武：《国际市场冲击下中国有色金属市场波动效应——一个空间经济的视角》，《软科学》2015 年第 12 期。

③ Pede V. O., *Spatial Dimensions of Economic Growth：Technological Leadership and Club Convergence*，West Lafayette：Purdue University，2010.

④ Lambert D. M.，Xu W and Florax R. J.，"Partial Adjustment Analysis of Income and Jobs，and Growth Regimes in the Appalachian Region with Smooth Transition Spatial Process Models"，*International Regional Science Review*，Vol. 37，No. 3，2014.

⑤ Pede V. O.，Florax R. J. and Lambert D. M.，"Spatial Econometric STAR Models：Lagrange Multiplier Tests，Monte Carlo Simulations and an Empirical Application"，*Regional Science and Urban Economics*，No. 49. 2014.

跨过一个拐点或者门槛后，雾霾污染开始逐渐下降，即环境质量随着经济增长经历了"先恶化再改善"的过程。显然，没有考虑到非线性变换的空间计量分析难以探究其动态过程及机制变化[①]。

基于环境库兹涅茨曲线非线性项和空间关联的存在，本章拟构建一个内生性的空间面板平滑转移回归模型，刻画在空间作用的影响下，中国社会发展和经济增长与雾霾污染的非线性效应，不但可以考虑区域之间的空间依赖性，而且可以考察在不同区制下影响机制可能存在的差异。

二 模型的设定

既有空间自回归又有空间误差面板平滑转移模型的一般形式可以表示为：

$$y_{it} = \rho \sum_{j=1}^{N} W_{ij} y_{jt} + X_{it} \beta + X_{it} \delta \circ G(s, \gamma, c) + \alpha_i + u_{it}$$

$$u_{it} = \lambda \sum_{j=1}^{N} W_{ij} u_{jt} + \varepsilon_{it} \tag{6.1}$$

$$i = 1, 2, \cdots, N, t = 1, 2, \cdots, T.$$

式（6.1）中，W 为空间权重矩阵，W_{ij} 是空间权重矩阵 W 的 (i, j) 元素。ρ 和 λ 是代表着空间依赖程度的参数，$\circ$ 表示 Hadamard 乘积，α_i 表示不可直接观测的个体效应，$G(s, \gamma, c)$ 表示连续光滑的转移函数，且 $0 \leq G(s, \gamma, c) \leq 1$。我们把式（6.1）表示的模型简称为 ARAR-STAR 模型。如果 $\lambda = 0$，我们就得到空间自回归面板平滑转移模型（简称 SAR-STAR 模型）。

$$y_{it} = \rho \sum_{j=1}^{N} W_{ij} y_{jt} + X_{it} \beta + X_{it} \delta \circ G(s, \gamma, c) + \alpha_i + \varepsilon_{it} \tag{6.2}$$

如果 $\rho = 0$，我们就得到空间误差面板平滑转移模型（简称 SEM-STAR 模型）。

$$y_{it} = X_{it} \beta + X_{it} \delta \circ G(s, \gamma, c) + \alpha_i + u_{it}$$

---

① 况明、刘耀彬、熊欢欢：《空间面板平滑转移门槛模型的设定与估计》，《数量经济技术经济》2020 年第 3 期。

$$u_{it} = \lambda \sum_{j=1}^{N} W_{ij} u_{jt} + \varepsilon_{it} \tag{6.3}$$

$$i = 1, 2, \cdots, N, t = 1, 2, \cdots, T.$$

对转移函数 $G(s, \gamma, c)$ 的选择有很多，具体的设置要根据具体的研究问题来决定[①]。在时间序列 STAR 模型文献中，转移变量 s 通常设置成滞后内生变量，即 $s_t = y_{t-d}$，其中 d 为某个 $d > 0$ 的整数（参见 Dijk 等，2002 中的讨论[②]）。在空间非线性模型中，转移变量通常设置为自变量或者是某个解释变量的空间误差，本研究与 Pede（2010）[③] 和 Pede 等（2014）[④] 一样，设置转移变量为某个解释变量的空间误差，即 $s = Wx$，W 为空间权重矩阵。不同的转移函数的设置决定了不同的区制转移的行为，我们采用文献中最常用的逻辑（logistic）转移函数：

$$G(Wx, \gamma, c) = \frac{1}{1 + \exp(-\gamma(Wx - c)/\sigma_{Wx})} \tag{6.4}$$

其中，σ_{Wx} 是 Wx 的标准差。式（6.4）中的位置参数 c 可以解释为两个区制之间的门槛（threshold），平滑参数 γ 决定逻辑转移函数的平滑程度，因此也就是从一个区制到另一个区制转变的平滑程度。当转移变量 $Wx > c$ 时，γ 越大时，转移函数越趋于 1，我们称模型处于高区制（regime），相反，当转移变量 $Wx < c$ 时，γ 越大时，转移函数越趋于 0，我们称模型处于低区制。

模型的选择和设定是实证研究首先面临的问题。数据之间是否存在空间依赖？以及是否存在非线性关系？如果既存在空间依赖，又存在非线性关系，那在 ARAR-STAR 模型、SAR-STAR 模型和 SEM-STAR 模型中

---

① Wong D. W. S., "Several Fundamentals in Implementing Spatial Statistics in GIS: Using Centrographic Measures as Examples", *Geographic Information Sciences*, No. 2, 1999.

② Dick van Dijk, Timo Tersvirta and Philip Hans Franses, "Smooth Transition Autoregressive Models——A Survey of Recent Developments", *Econometric Reviews*, Vol. 21, No. 1, 2002.

③ Pede V. O., *Spatial Dimensions of Economic Growth: Technological Leadership and Club Convergence*, West Lafayette: Purdue University, 2010.

④ Pede V. O., Florax R. J. and Lambert D. M., "Spatial Econometric STAR Models: Lagrange Multiplier Tests, Monte Carlo Simulations and an Empirical Application", *Regional Science and Urban Economics*, No. 49. 2014.

应该选择哪一个？*Pede* 等（2014）[1] 提出可以使用 LM 检验法来检验是否存在非线性和空间依赖性。为了验证是否存在非线性区制转移，文献中通常是对转移函数在 $\gamma = 0$ 处进行一阶泰勒展开：

$$G \approx \frac{1}{2} + \frac{Wx - c}{4} \cdot \frac{\gamma}{\sigma_{Wx}} = \eta_0 + \eta_1 Wx \tag{6.5}$$

这里 $\eta_0 = (2\sigma_{Wx} - c\gamma)/4\sigma_{Wx}, \eta_1 = \gamma/4\sigma_{Wx}$。把式（6.5）代入式（6.1）整理得到非线性模型的线性近似：

$$y_{it} \approx \rho \sum_{j=1}^{N} W_{ij} y_{jt} + Z_{it} \tilde{\phi} + \alpha_i + u_{it} \tag{6.6}$$

这里 $Z_{it} = [X_{it}, X_{it} \circ Wx], \phi = (\eta_0 \delta' + \beta')', \varphi = (\eta_1 \delta')', \tilde{\phi} = (\phi', \varphi')'$。模型是否存在非线性就看 φ 是否等于 0。根据 Pede 等（2014）[2]中的结论，我们可以利用 LM 检验法来检验模型的空间依赖情况以及是否存在非线性区制转移。

定义 $y_t = (y_{1t}, y_{2t}, \cdots, y_{Nt})', Z_t = (Z'_{1t}, Z'_{2t}, \cdots, Z'_{Nt})', \alpha = (\alpha_1, \alpha_2, \cdots, \alpha_N)', \varepsilon_t = (\varepsilon_{1t}, \varepsilon_{2t}, \cdots, \varepsilon_{Nt})'$，线性近似模型（6.6）可以写为

$$y_t = (I_N - \rho W)^{-1}[Z_t \tilde{\phi} + \alpha + (I_N - \lambda W)^{-1} \epsilon_t] \tag{6.7}$$

定义 $\tilde{y}_t = y_t - \frac{1}{T} \sum_{t=1}^{T} y_t, \tilde{Z}_t = Z_t - \frac{1}{T} \sum_{t=1}^{T} Z_t$ 和 $\tilde{\varepsilon}_t = \varepsilon_t - \frac{1}{T} \sum_{t=1}^{T} \varepsilon_t$。式（6.6）去掉均值后可以消除个体效，应得到：

$$\tilde{y}_t = (I_N - \rho W)^{-1}[\tilde{Z}_t \tilde{\phi} + (I_N - \lambda W)^{-1} \tilde{\epsilon}_t] \tag{6.8}$$

假设 $\tilde{\varepsilon}_t \sim N(0, \sigma^2 I_N)$，定义 $\theta = (\tilde{\phi}', \rho, \lambda, \sigma^2)'$ 为模型中未知参数，则式表示的模型的对数似然函数为：

$$\log L(\theta) = -\frac{NT}{2} \log(2\pi\sigma^2) + T[\log|I_N - \rho W| + \log|I_N - \lambda W|]$$

① Pede V. O., Florax R. J. and Lambert D. M., "Spatial Econometric STAR Models: Lagrange Multiplier Tests, Monte Carlo Simulations and an Empirical Application", *Regional Science and Urban Economics*, No. 49. 2014.

② Pede V. O., Florax R. J. and Lambert D. M., "Spatial Econometric STAR Models: Lagrange Multiplier Tests, Monte Carlo Simulations and an Empirical Application", *Regional Science and Urban Economics*, No. 49. 2014.

$$-\frac{1}{2\sigma^2}\sum_{t=1}^{T}\tilde{\varepsilon}'_t\,\tilde{\varepsilon}_t \tag{6.9}$$

LM 检验法定义 LM 检验统计量为：

$$LM = \left(\frac{\partial \log L(\hat{\theta}_R)}{\partial \hat{\theta}_R}\right)'\left[I(\hat{\theta}_R)\right]^{-1}\left(\frac{\partial \log L(\hat{\theta}_R)}{\partial \hat{\theta}_R}\right) \tag{6.10}$$

这里 $\hat{\theta}_R$ 是参数受限情况下的最大似然估计，$I(\hat{\theta}_R)$ 是信息矩阵，其定义为：

$$I(\hat{\theta}_R) = -E\left(\frac{\partial \log L(\hat{\theta}_R)}{\partial \hat{\theta}_R \partial \hat{\theta}_R'}\right) \tag{6.11}$$

根据式（6.10）和式（6.11），我们可以计算各种参数受限情况下的 LM 统计量。

LM 检验是基于受限模型，其方便之处是只需要估计受限模型，本研究中采用的 LM 检验统计量的公式可以通过计算式（6.10）得到，其计算细节与 Pede 等（2014）[①] 非常类似。我们先介绍最简单的一元 LM 检验。一元 LM 检验假设受限模型是线性模型，对应的非受限模型分别是空间误差模型，或空间滞后模型，或非线性模型。

假设线性面板模型表示为：

$$y_t = X_t\beta + \alpha + \varepsilon_t \tag{6.12}$$

定义 $\tilde{y}_t = y_t - \frac{1}{T}\sum_{t=1}^{T} y_t$ 和 $\tilde{X}_t = X_t - \frac{1}{T}\sum_{t=1}^{T} X_t$。如果假设检验问题为 $H_0 : \lambda = 0$，给定 $\rho = \varphi = 0$，则该假设检验对应的 LM 检验统计量为：

$$LM_\lambda = \frac{1}{Tr}\left(\frac{\sum_{t=1}^{T}\tilde{\varepsilon}'_t W\,\tilde{\varepsilon}_t}{\sigma^2}\right) \tag{6.13}$$

其中 $\tilde{\varepsilon}_t = \tilde{y}_t - \tilde{X}_t\hat{\beta}$ 表示受限模型 OLS 估计的残差，$\sigma^2 = \dfrac{\sum_{t=1}^{T}\tilde{\varepsilon}'_t\,\tilde{\varepsilon}_t}{NT}$

① Pede V. O., Florax R. J. and Lambert D. M., "Spatial Econometric STAR Models: Lagrange Multiplier Tests, Monte Carlo Simulations and an Empirical Application", *Regional Science and Urban Economics*, No. 49. 2014.

，$Tr = T \times tr\ ((W' + W)\ W)$，$tr\ ((W' + W)\ W)$ 表示的是矩阵 $(W' + W)$ W 的迹。

在原假设成立的情况下，LM_λ 的渐近分布为自由度为 1 的卡方分布。如果原假设被拒绝，则 LM 检验法支持空间误差模型，否则就选择线性模型。

如果非受限模型是空间滞后模型，则假设检验问题可以表示为 $H_0: \rho = 0$，给定 $\lambda = \varphi = 0$，该假设检验对应的 LM 检验统计量为

$$LM_\rho = \frac{1}{C_{\rho\beta}}\left(\frac{\sum\limits_{t=1}^{T} \tilde{\varepsilon}'_t W \tilde{y}_t}{\sigma^2}\right) \tag{6.14}$$

其中，$C_{\rho\beta} = Tr + \sum\limits_{t=1}^{T} (W\tilde{X}_t\hat{\beta})' M(W\tilde{X}_t\hat{\beta})/\sigma^2$ 表示的是 ρ 和 β 之间的协方差，M 表示的是投影矩阵 $I_N - \tilde{X}_t\ (\tilde{X}'_t \tilde{X}_t)^{-1} \tilde{X}'_t$。在原假设成立的情况下，$LM_\rho$ 的渐近分布为自由度为 1 的卡方分布。如果原假设被拒绝，则 LM 检验法支持空间滞后模型，否则就选择线性模型。

本研究中非线性体现在可能存在的区制转移，通过对转移函数进行一阶泰勒展开，是否存在非线性等价于验证 φ 是否为 0，因此，假设检验问题可以表示为 $H_0: \varphi = 0$，给定 $\lambda = \rho = 0$，该假设检验对应的 LM 检验统计量为：

$$LM_\varphi = \frac{\sum\limits_{t=1}^{T} \tilde{\varepsilon}'_t P \tilde{\varepsilon}_t}{\sigma^2} \tag{6.15}$$

其中，$P = Z_t(Z'_t Z_t)^{-1} Z'_t$ 为幂等矩阵，Z_t 在方程式中定义。在原假设成立的情况下，LM_φ 的渐近分布为自由度为 k 的卡方分布，k 为模型中自变量的个数。同样，如果原假设被拒绝，则 LM 检验法支持非线性模型，否则就选择线性模型。

除了单个限制条件的一元 LM 检验之外，在最一般形式的 ARAR-STAR 模型中，还有多种形式的两个或者三个限制条件下的多元 LM 检验。对空间误差和空间滞后的联合假设检验问题为 $H_0: \lambda = \rho = 0$，该假设检验对应的 LM 检验统计量为：

$$LM_{\rho\lambda} = \frac{1}{C_{\rho\beta} - Tr}\left(\frac{\sum_{t=1}^{T}\tilde{\varepsilon}'_t W \tilde{y}_t}{\sigma^2} - \frac{\sum_{t=1}^{T}\tilde{\varepsilon}'_t W \tilde{\varepsilon}_t}{\sigma^2}\right) + \frac{1}{Tr}\left(\frac{\sum_{t=1}^{T}\tilde{\varepsilon}'_t W \tilde{\varepsilon}_t}{\sigma^2}\right)$$

$$(6.16)$$

在原假设成立的情况下，$LM_{\rho\lambda}$ 的渐近分布为自由度为 2 的卡方分布。

对空间误差和平滑转移非线性的联合假设检验问题为 $H_0 : \lambda = \varphi = 0$，该假设检验对应的 LM 检验统计量为：

$$LM_{\lambda\varphi} = \frac{1}{Tr}\left(\frac{\sum_{t=1}^{T}\tilde{\varepsilon}'_t W \tilde{\varepsilon}_t}{\sigma^2}\right) + \frac{\sum_{t=1}^{T}\tilde{\varepsilon}'_t P \tilde{\varepsilon}_t}{\sigma^2}$$

$$= LM_{\lambda} + LM_{\varphi} \qquad (6.17)$$

在原假设成立的情况下，$LM_{\lambda\varphi}$ 服从自由度为 $k+1$ 卡方分布。

对空间滞后和平滑转移非线性的联合假设检验问题为 $H_0 : \rho = \varphi = 0$，该假设检验对应的 LM 检验统计量为：

$$LM_{\rho\varphi} = \frac{1}{C_{\rho\tilde{\phi}}}\left(\frac{\sum_{t=1}^{T}\tilde{\varepsilon}'_t W \tilde{y}_t}{\sigma^2} - \frac{\sum_{t=1}^{T}\tilde{\varepsilon}'_t PWZ_t \tilde{\phi}}{\sigma^2}\right) + \frac{\sum_{t=1}^{T}\tilde{\varepsilon}'_t P \tilde{\varepsilon}_t}{\sigma^2}$$

$$(6.18)$$

其中，$\tilde{\phi}$ 在方程中定义，$C_{\rho\tilde{\phi}}$ 的定义与 $C_{\rho\beta}$ 类似：

$$C_{\rho\tilde{\phi}} = Tr + \sum_{t=1}^{T}(W\tilde{X}_t\hat{\beta})'(I_N - Z(Z'Z)^{-1}Z')(W\tilde{X}_t\hat{\beta})/\sigma^2 \qquad (6.19)$$

$LM_{\rho\lambda}$ 服从自由度为 $k+1$ 的卡方分布。

在 ARAR-STAR 模型中，三个限制条件下的假设检验问题为 $H_0 : \rho = \lambda = \varphi = 0$，该假设检验对应的 LM 检验统计量为：

$$LM_{\rho\lambda\varphi} = \frac{1}{C_{\rho\tilde{\phi}} - Tr}\left(\frac{\sum_{t=1}^{T}\tilde{\varepsilon}'_t W \tilde{y}_t}{\sigma^2} - \frac{\sum_{t=1}^{T}\tilde{\varepsilon}'_t W \tilde{\varepsilon}_t}{\sigma^2} - \frac{\sum_{t=1}^{T}\tilde{\varepsilon}'_t PWZ_T \tilde{\phi}}{\sigma^2}\right)$$

$$+ \frac{1}{Tr}\left(\frac{\sum_{t=1}^{T}\tilde{\varepsilon}'_t W \tilde{\varepsilon}_t}{\sigma^2}\right)^2 + \frac{\sum_{t=1}^{T}\tilde{\varepsilon}'_t P \tilde{\varepsilon}_t}{\sigma^2} \qquad (6.20)$$

$LM_{\rho\lambda\varphi}$ 服从自由度为 $k+2$ 的卡方分布。

表 6.1 总结了 ARAR-STAR 模型中的一元、二元和三元假设检验问题以及 LM 检验统计量和对应的渐近分布。

表 6.1   **LM 检验法检验空间依赖和非线性**

原假设 H_0	检验统计量	分布
$\lambda = 0$，给定 $\rho = \varphi = 0$	LM_λ	$\chi^2 (1)$

续表

原假设 H_0	检验统计量	分布
$\rho = 0$，给定 $\lambda = \varphi = 0$	LM_ρ	$\chi^2 (1)$
$\varphi = 0$，给定 $\lambda = \rho = 0$	LM_φ	$\chi^2 (k)$
$\lambda = \varphi = 0$	$LM_{\lambda\varphi}$	$\chi^2 (k+1)$
$\rho = \varphi = 0$	$LM_{\rho\varphi}$	$\chi^2 (k+1)$
$\lambda = \rho = 0$	$LM_{\rho\lambda}$	$\chi^2 (2)$
$\rho = \lambda = \varphi = 0$	$LM_{\rho\lambda\varphi}$	$\chi^2 (k+2)$

LM 检验的渐近分布为 χ^2 分布，本研究采用蒙特卡洛模拟的办法来考察 LM 检验在小样本下的有效性。首先让 $\rho = \lambda = \varphi = 0$，即真实模型为线性面板模型：

$$y_{it} = X_{it}\beta + \alpha_i + \varepsilon_{it} \quad i = 1, 2, \cdots, N; \ t = 1, 2, \cdots, T \quad (6.21)$$

在生成模拟数据的时候，假设解释变量个数为 3，$\beta = (1,1,1)'$，α_i 和 X_{it} 是从 0 到 1 上的均匀分布中生成，而 ε_{it} 是从标准正态分布中生成，我们让 $T = 10$ 和 $N = 25,49,100,400$，本书选择 Queen 空间权重矩阵。利用生成的模拟数据，我们可以计算 LM 检验统计量，给定显著性水平为 0.05 时，我们可以判断是否拒绝原假设。重复这个过程 1000 次，计算总的拒绝原假设的次数，把它除以 1000 得到拒绝的频率。由于显著性水平给定为 0.05，拒绝率偏离 0.05 过多则表明 LM 检验在小样本下存在较大偏差。蒙特卡洛模拟计算得到的拒绝率的 95% 置信区间为 $\left(p - \sqrt{p(1-p)/m}, p + \sqrt{p(1-p)/m}\right) = (0.036, 0.064)$，这里 p 表示显著性水平，m 表示蒙特卡洛模拟次数。表 6.2 是模拟计算得到的拒绝率，从表中可以看出，除个别情况外，拒绝率都落在 95% 置信区间内，这说明对于面板模型，LM 检验法在小样本下结论比较可靠。本研究模拟的结果与 Anselin 等（1996）[①] 和 Pede 等（2014）[②] 在横截面数据中模拟得到的结论类似。

表 6.2　　小样本下 LM 检验法的实证检验水准（Empirical size）

原假设 H_0	$N=25$	$N=49$	$N=100$	$N=400$
$\lambda=0$，给定 $\rho=\varphi=0$	0.048	0.051	0.063	0.070
$\rho=0$，给定 $\lambda=\varphi=0$	0.056	0.047	0.073	0.063
$\varphi=0$，给定 $\rho=\lambda=0$	0.049	0.048	0.043	0.054
$\lambda=\varphi=0$	0.043	0.052	0.053	0.059
$\rho=\varphi=0$	0.040	0.051	0.054	0.061
$\rho=\lambda=0$	0.050	0.067	0.071	0.070
$\rho=\lambda=\varphi=0$	0.045	0.055	0.058	0.051

在假设检验中，检验的功效定义为当原假设为假的时候，检验拒绝原假设的概率。除了考察小样本下 LM 检验法的实证检验水准，接下来采用模拟的方法来分析检验的功效。假设真实模型为式（6.1）给出的非线性空间面板模型。为了生成模拟数据，设定参数 $\rho=0.3$、$\lambda=0.3$、$\gamma=5$、$\beta=(1,1,1)'$、$\delta=(1,1,1)'$，转移函数中的参数 c 设定为 Wx 的平均值。表 6.3 是在各类假设检验下模拟得到的检验的功效。从表 6.3 中的模拟结果可以看出，除了在对非线性的假设检验中，当 $N=25$、$N=49$ 和 $N=100$ 时，LM 检验分别有 0.318、0.181 和 0.003 的概率没有拒绝原假设，其他情况下 LM 检验都准确地拒绝了原假设。因此，对空间面板非线性模型来说，LM 检验法在小样本下也有很好的表现，能够给出准确的统计推断。在实际运用中，一般可以先检验是否存在非线性，然后再检验

①　Anselin L., Bera A. K., Florax R. and Yoon M. J., "Simple Diagnostic Tests for Spatial Dependence", *Regional Science and Urban Economics*, Vol. 26, No. 1, 1996.

②　Pede V. O., Florax R. J. and Lambert D. M., "Spatial Econometric STAR Models: Lagrange Multiplier Tests, Monte Carlo Simulations and an Empirical Application", *Regional Science and Urban Economics*, No. 49. 2014.

是否存在空间依赖等，最后确定模型的具体设定。

表6.3 小样本下 LM 检验法检验的功效

原假设 H_0	$N=25$	$N=49$	$N=100$	$N=400$
$\lambda=0$，给定 $\rho=\varphi=0$	1	1	1	1
$\rho=0$，给定 $\lambda=\varphi=0$	1	1	1	1
$\varphi=0$，给定 $\rho=\lambda=0$	0.682	0.819	0.997	1

续表

原假设 H_0	$N=25$	$N=49$	$N=100$	$N=400$
$\lambda=\varphi=0$	1	1	1	1
$\rho=\varphi=0$	1	1	1	1

三 拟极大似然法估计空间面板 STAR 模型

已有文献经常采用极大似然法来估计空间面板模型。[1][2] Pede（2010）[3] 和 Pede 等（2014）[4] 讨论了利用极大似然法来估计 SAR-STAR 模型和 SEM-STAR 模型。他们采用 Cochrane-Orcutt 迭代算法来估计模型中的参数，由于非线性模型的复杂性，都没有讨论如何估计最一般形式的 ARAR-STAR 模型，并且他们也没有估计模型中误差项 ε 的方差。本研究将讨论 SAR-STAR 模型、SEM-STAR 模型和 ARAR-STAR 模型的具体估计方法，并利用蒙特卡洛模拟的方法来评估估计的准确性。

为了方便，把式（6.1）写成

$$y_t = \rho W y_t + X_t\beta + X_t\delta°G(s,\gamma,c) + \alpha + u_t$$

[1] Luc Anselin, Julie Le Gallo and Hubert Jayet, eds., *Spatial Panel Econometrics*, Berlin: Springer, 2008.

[2] Lee L. and Yu J., "Some Recent Developments in Spatial Panel Data Models", *Regional Science and Urban Economics*, Vol. 40, No. 5, 2010.

[3] Pede V. O., *Spatial Dimensions of Economic Growth: Technological Leadership and Club Convergence*, West Lafayette: Purdue University, 2010.

[4] Pede V. O., Florax R. J. and Lambert D. M., "Spatial Econometric STAR Models: Lagrange Multiplier Tests, Monte Carlo Simulations and an Empirical Application", *Regional Science and Urban Economics*, No. 49. 2014.

$$u_t = \lambda W u_t + \varepsilon_t, \quad t = 1,2,\cdots,T. \tag{6.22}$$

其中 $y_t = (y_{1t}, y_{2t}, \cdots, y_{Nt})'$，$X_t = (X'_{1t}, X'_{2t}, \cdots, X'_{Nt})'$，$u_t = (u_{1t}, u_{2t}, \cdots, u_{Nt})'$，$\varepsilon_t = (\varepsilon_{1t}, \varepsilon_{2t}, \cdots, \varepsilon_{Nt})'$。本研究假设 $\varepsilon_t \sim N(0, \sigma^2 I_N)$。用 $\theta = (\beta', \delta', \rho, \lambda, \sigma^2, \gamma, c)'$ 表示模型中的参数，式 (6.22) 表示的模型的对数似然函数为

$$\log L^d(\theta,\alpha) = -\frac{NT}{2}\log(2\pi\sigma^2) + T[\log|I_N - \rho W| + \log|I_N - \lambda W|]$$

$$- \frac{1}{2\sigma}\sum_{t=1}^T V'_t(\theta,\alpha)V_t(\theta,\alpha) \tag{6.23}$$

其中，$V_t(\theta,\alpha) = (I_N - \lambda W)[(I_N - \rho W)y_T - X_t\beta - X_t\delta^\circ G(s,\gamma,c) - \alpha]$。

定义 $\tilde{y}_t = y_t - \frac{1}{T}\sum_{t=1}^T y_t$ 和 $\tilde{X}_t = X_t - \frac{1}{T}\sum_{t=1}^T X_t$。利用去掉平均值的数据，可以消除个体效应 α，从而得到所谓的子集对数似然函数：

$$\log L^d(\theta) = -\frac{NT}{2}\log(2\pi\sigma^2) + T[\log|I_N - \rho W| + \log|I_N - \lambda W|]$$

$$- \frac{1}{2\sigma}\sum_{t=1}^T \tilde{V}'_t(\theta)\tilde{V}_t(\theta) \tag{6.24}$$

其中，$\tilde{V}_t(\theta) = (I_N - \lambda W)[(I_N - \rho W)\tilde{y}_t - \tilde{X}_t\beta - \tilde{X}_t\delta^\circ G(s,\gamma,c)]$。最大化式 (6.24) 可以得到模型中参数的极大似然估计。Lee 和 Yu (2010a)[1] 把最大化类似于式 (6.24) 表示的似然函数的方法称为直接方法，并证明，在一些常规假设条件满足的情况下，当 N 趋于无穷时，参数 β，δ，ρ，λ 的极大似然估计是依概率收敛的，但是，在 T 是有限值的时候，参数 σ^2 的估计却不满足一致性（inconsistent）。因此，Lee 和 Yu (2010)[2]、Lee 和 Yu (2011)[3] 提出了另一种先对数据进行转变的方法来

[1] Lee L. and Yu J., "Estimation of Spatial Autoregressive Panel Data Models with Fixed Effects", *Journal of Econometrics*, Vol. 154, No. 2, 2010.

[2] Lee L. and Yu J., "Estimation of Spatial Autoregressive Panel Data Models with Fixed Effects", *Journal of Econometrics*, Vol. 154, No. 2, 2010.

[3] Lee L. and Yu J., "Some Recent Developments in Spatial Panel Data Models", *Regional Science and Urban Economics*, Vol. 40, No. 5, 2010.

解决这个问题。具体来讲，定义时间平均算子 $J_T = \left(I_T - \frac{1}{T} l_T l'_T \right)$，$l_T$ 是所有元素均为 1 的 $T \times 1$ 向量。利用时间平均算子，可以消除式中的个体效应得到转换后的模型：

$$\tilde{y}_t = \rho W \tilde{y}_t + \tilde{X}_t \beta + \tilde{X}_t \delta^\circ G(s,\gamma,c) + \tilde{u}_t$$

$$\tilde{u}_t = \lambda W \tilde{u}_t + \tilde{\varepsilon}_t, \quad t = 1,2,\cdots,T. \tag{6.25}$$

定义 $\left[F_{T,T-1}, \frac{1}{\sqrt{T}} l_T \right]$ 为矩阵 J_T 的正交特征向量组成的矩阵，其中 $F_{T,T-1}$ 是对应于特征值为 1 的 $T \times (T-1)$ 矩阵。对于任意 $N \times T$ 的矩阵 $[Z_{N1},\cdots,Z_{NT}]$，定义转换后的 $N \times (T-1)$ 矩阵 $[Z_{N1}^*,\cdots,Z_{N,T-1}^*] = [Z_{N1},\cdots,Z_{NT}]F_{T,T-1}$。从而，式（6.25）可以转换为：

$$y_t^* = \rho W y_t^* + X_t^* \beta + X_t^* \delta^\circ G(s,\gamma,c) + u_t^*$$

$$u_t^* = \lambda W u_t^* + \varepsilon_t^*, \quad t = 1,2,\cdots,T-1. \tag{6.26}$$

式（6.26）对应的对数似然函数为：

$$\log L(\theta) = -\frac{N(T-1)}{2} \log(2\pi\sigma^2) + (T-1)[\log | I_N - \rho W | +$$

$$\log | I_N - \lambda W |] - \frac{1}{2\sigma^2} \sum_{t=1}^{T-1} V_t^{*\prime}(\theta) V_t^*(\theta) \tag{6.27}$$

其中，$V_t^*(\theta) = (I_N - \lambda W)[(I_N - \rho W)y_t^* - X_t^* \beta - X_t^* \delta^\circ G(s,\gamma,c)]$。

类似于 Lee 和 Yu（2010a）中的证明，式（6.27）等价于：

$$\log L(\theta) = -\frac{N(T-1)}{2} \log(2\pi\sigma^2) + (T-1)[\log | I_N - \rho W | +$$

$$\log | I_N - \lambda W |] - \frac{1}{2\sigma^2} \sum_{t=1}^{T} \tilde{V}_t'(\theta) \tilde{V}_t(\theta) \tag{6.28}$$

其中，$\tilde{V}_t(\theta) = (I_N - \lambda W)[(I_N - \rho W)\tilde{y}_t - \tilde{X}_t \beta - \tilde{X}_t \delta^\circ G(s,\gamma,c)]$。Lee 和 Yu（2010）[1] 及 Lee 和 Yu（2011）[2] 指出，在满足一些常规假设条

① Lee L. and Yu J., "Estimation of Spatial Autoregressive Panel Data Models with Fixed Effects", *Journal of Econometrics*, Vol. 154, No. 2, 2010.

② Lee L. and Yu J., "Estimation of Spatial Panels", *Foundations and Trends © in Econometrics*, Vol. 4, No. 1 - 2, 2011.

件下，基于转换后的似然函数式（6.28）的拟极大似然估计 $\hat{\theta}$ 是依概率收敛的。

　　比较直接法中的似然函数式和转换法中的似然函数式，发现两者的差别在于式（6.24）中的 T 在式（6.28）中为 $T-1$。下面的比较分析可以发现，除了对参数 σ^2 的估计，最大化式（6.24）和最大化式（6.28）得到的其他参数的估计都是一样的。对式（6.24），给定 ρ、λ、γ 和 c，分别对参数 β、δ 和 σ^2 求一阶段倒数得到其拟极大似然估计为

$$\hat{\beta}^d(\rho,\lambda,\gamma,c) = \Big[\sum_{t=1}^{T} \tilde{X}_t{}'(I_N-\lambda W)'(I_N-\lambda W)\tilde{X}_t \Big]^{-1}$$
$$\times \left\{ \begin{array}{l} \sum_{t=1}^{T} \tilde{X}_t{}'(I_N-\lambda W)'(I_N-\lambda W)\big[(I_N-\rho W)\tilde{y}_t \\ -\tilde{X}_t\hat{\delta}^d(\rho,\lambda,\gamma,c)\circ G(s,\gamma,c)\big] \end{array} \right\} \quad (6.29)$$

$$\hat{\delta}^d(\rho,\lambda,\gamma,c) = \Big[\sum_{t=1}^{T} \tilde{X}_t{}'\circ G(s,\gamma,c)(I_N-\lambda W)'(I_N-\lambda W)\tilde{X}_t\circ G(s,\gamma,c) \Big]^{-1}$$
$$\times \left\{ \begin{array}{l} \sum_{t=1}^{T} \tilde{X}_t{}'\circ G(s,\gamma,c)(I_N-\lambda W)'(I_N-\lambda W)\big[(I_N-\rho W)\tilde{y}_t \\ -\tilde{X}_t\hat{\beta}^d(\rho,\lambda,\gamma,c)\big] \end{array} \right.$$
$$\qquad\qquad\qquad\qquad\qquad\qquad\qquad\qquad\qquad (6.30)$$

$$\tilde{\sigma}^{2d}(\rho,\lambda,\gamma,c) = \frac{1}{NT}\sum_{t=1}^{T}\big[(I_N-\rho W)\tilde{y}_t - \tilde{X}_t\hat{\beta}^d(\rho,\lambda,\gamma,c) - \tilde{X}_t\hat{\delta}^d(\rho,\lambda,\gamma,c)\circ G(s,\gamma,c)\big]'$$
$$\times (I_N-\lambda W)'(I_N-\lambda W)\big[(I_N-\rho W)\tilde{y}_t - \tilde{X}_t\hat{\beta}^d(\rho,\lambda,\gamma,c)$$
$$-\tilde{X}_t\hat{\delta}^d(\rho,\lambda,\gamma,c)\circ G(s,\gamma,c)\big] \qquad\qquad (6.31)$$

　　把式（6.29）、式（6.30）、式（6.31）和得到的解代入似然函数式中得到直接法关于 ρ、λ、γ 和 c 的子集对数似然函数：

$$\log \mathrm{L}^d(\rho,\lambda,\gamma,c) = -\frac{NT}{2}(\log(2\pi)+1) - \frac{NT}{2}\log\tilde{\sigma}^{2d}(\rho,\lambda,\gamma,c)$$
$$+ T\big[\log|I_N-\rho W| + \log|I_N-\lambda W|\big] \quad (6.32)$$

　　同样地，对式（6.28），给定 ρ、λ、γ 和 c，参数 β、δ 和 σ^2 的拟极大似然估计为：

$$\hat{\beta}(\rho,\lambda,\gamma,c) = \Big[\sum_{t=1}^{T} \tilde{X}_t{}'(I_N-\lambda W)'(I_N-\lambda W)\tilde{X}_t\Big]^{-1}$$

$$\times \left\{ \begin{array}{l} \sum_{t=1}^{T} \tilde{X}_t{}'(I_N-\lambda W)'(I_N-\lambda W)\big[(I_N-\rho W)\tilde{y}_t - \\ \tilde{X}_t\hat{\delta}(\rho,\lambda,\gamma,c)^\circ G(s,\gamma,c)\big] \end{array} \right\} \quad (6.33)$$

$$\hat{\delta}(\rho,\lambda,\gamma,c) = \Big[\sum_{t=1}^{T} \tilde{X}_t{}'^\circ G(s,\gamma,c)(I_N-\lambda W)'(I_N-\lambda W)\tilde{X}_t{}^\circ G(s,\gamma,c)\Big]^{-1}$$

$$\times \left\{ \begin{array}{l} \sum_{t=1}^{T} \tilde{X}_t{}'^\circ G(s,\gamma,c)(I_N-\lambda W)'(I_N-\lambda W)\big[(I_N-\rho W)\tilde{y}_t - \\ \tilde{X}_t\hat{\beta}(\rho,\lambda,\gamma,c)\big] \end{array} \right\}$$

$$(6.34)$$

$$\hat{\sigma}^2(\rho,\lambda,\gamma,c) = \frac{1}{N(T-1)}\sum_{t=1}^{T}\big[(I_N-\rho W)\tilde{y}t - \tilde{X}_t\hat{\beta}(\rho,\lambda,\gamma,c) - \tilde{X}_t\hat{\delta}(\rho,\lambda,\gamma,c)^\circ G(s,\gamma,c)\big]'$$

$$\times(I_N-\lambda W)'(I_N-\lambda W)\big[(I_N-\rho W)\tilde{y}_t - \tilde{X}_t\hat{\beta}(\rho,\lambda,\gamma,c) - \tilde{X}_t\hat{\delta}(\rho,\lambda,\gamma,c)^\circ G(s,\gamma,c)\big]$$

$$(6.35)$$

所以，转换法中关于 ρ、λ、γ 和 c 的子集对数似然函数为

$$\log L(\rho,\lambda,\gamma,c) = -\frac{N(T-1)}{2}(\log(2\pi)+1) - \frac{N(T-1)}{2}\log\hat{\sigma}^2(\rho,\lambda,\gamma,c)$$

$$+ (T-1)\big[\log|I_N-\rho W| + \log|I_N-\lambda W|\big] \quad (6.36)$$

对比式（6.29）和式（6.30）与式（6.33）和式（6.34）可以发现：$\hat{\beta}^d(\rho,\lambda,\gamma,c) = \hat{\beta}(\rho,\lambda,\gamma,c)$，$\hat{\delta}^d(\rho,\lambda,\gamma,c) = \hat{\delta}(\rho,\lambda,\gamma,c)$。

直接法和转换法中对参数 β 和 δ 的估计是一样的，但是，对 σ^2 的估计，比较式（6.31）和式（6.35），则有：

$$\hat{\sigma}^{2d}(\rho,\lambda,\gamma,c) = \frac{T-1}{T}\hat{\sigma}^2(\rho,\lambda,\gamma,c) \quad (6.37)$$

把式（6.37）代入式（6.22），则有：

$$\log L^d(\rho,\lambda,\gamma,c) = -\frac{NT}{2}\Big(\log(2\pi)+\log\frac{T-1}{T}+1\Big) - \frac{NT}{2}\log\hat{\sigma}^2(\rho,\lambda,\gamma,c)$$

$$+ T\big[\log|I_N-\rho W| + \log|I_N-\lambda W|\big] \quad (6.38)$$

比较子集对数似然函数式（6.36）和式（6.38）可以看出，两者对参数 ρ、λ、γ 和 c 的估计结果是一样的，因此，对参数 $(\beta',\delta',\rho,\lambda,$

$\gamma,c)'$ 来说，直接法和转换法得到的拟极大似然估计是一样的。然而，对 σ^2 的估计，从式（6.37）可以看出，在 T 较小情况下，直接法得到的估计不满足一致性，而通过对偏差进行修正，转换法对所有参数的估计都具有一致性。基于此，本研究采用转换法来估计空间面板 STAR 模型。

在求式（6.28）的最大值时，根据参数的意义和性质，可以对参数取值范围作一些限制。衡量空间依赖程度的参数 ρ 和 λ 都在 0 到 1 之间。限定转移函数中的平滑参数 γ 在 0 到 100 之间，如果 $\gamma = 0$ 时，则没有区制转变；如果 $\gamma \geqslant 100$ 时，则基本没有平滑过程，转变在两个区制之间跳跃。因此，与 Lambert 等（2014）[1] 一样，我们限定 $0 \leqslant \gamma \leqslant 100$。总结起来，参数估计问题就是下面的带约束条件的最大化问题：

$$\max_{\theta}\log L(\theta) = -\frac{N(T-1)}{2}\log(2\pi\sigma^2) + (T-1)[\log|I_N - \rho W| + \log|I_N - \lambda W|]$$

$$-\frac{1}{2\sigma^2}\sum \tilde{V}'_t(\theta)\tilde{V}_t(\theta) \qquad (6.39)$$

$s.t.$

$$0 \leqslant \rho \leqslant 1, 0 \leqslant \lambda \leqslant 1, \sigma^2 > 0, 0 \leqslant \gamma \leqslant 100, \min\{W_x\} \leqslant c \leqslant \max\{W_x\}$$

对于式（6.39）所表示的有界约束最优化问题，本研究采用 L-BFGS-B 算法来得到参数的估计，这种算法的优点之一是收敛速度较快。

四 参数估计的蒙特卡洛模拟

既有空间自回归又有空间误差的非线性模型非常复杂，这使得准确估计模型中的参数变得更加困难。尽管在大样本情况下，Lee 和 Yu（2010）[2] 证明拟极大似然估计具有一致性，但在实证研究中，样本是有限的，在数据可获得性的约束下，模型参数估计值的效果怎么样就是实

---

① Lambert D. M., Xu W. and Florax R. J., "Partial Adjustment Analysis of Income and Jobs, and Growth Regimes in the Appalachian Region with Smooth Transition Spatial Process Models", *International Regional Science Review*, Vol. 37, No. 3, 2014.

② Lee L. and Yu J., "Estimation of Spatial Autoregressive Panel Data Models with Fixed Effects", *Journal of Econometrics*, Vol. 154, No. 2, 2010.

际研究中的重要问题。因此，在这一部分利用蒙特卡洛模拟的方法评估参数估计的准确性，在不同参数设定下进行蒙特卡洛实验，进而评估参数估计的情况。

首先从式（6.22）中生成模拟数据：

$$y_t = \rho W y_t + X_t\beta + X_t\delta°G(s,\gamma,c) + \alpha + u_t$$

$$u_t = \lambda W u_t + \varepsilon_t, \quad t = 1,2,\cdots,T. \tag{6.40}$$

此处设定 X_t 中变量个数为 3，设定参数 $\beta = (1,1,1)'$ 以及 $\delta = (1,1,1)'$。本研究用 θ^a 和 θ^b 表示参数的两种设定，其中 $\theta^a = (1,1,1,1,1,1,0.5,0.2,1,3,0.5)'$ 和 $\theta^b = (1,1,1,1,1,1,0.2,0.5,1,3,0.5)'$。空间权重矩阵 W 为 Q 邻接空间权重矩阵，X_t 和 α 是从相互独立的 0 到 1 上的均匀分布中生成，ε_t 为从标准正态分布中产生。对于 T 和 N 的设定，本研究采用 $T = 5,10,15$ 和 $N = 100,225,400$ 的某种组合。对生成的每一组模拟数据，首先计算得到参数的拟极大似然估计 $\hat\theta$，然后可以得到估计值和真实值的偏差 $\hat\theta - \theta$。重复这个过程 1000 次，我们把这 1000 次偏差的平均值作为衡量模型估计好坏的重要指标，平均偏差越大，估计效果越差。此外，本研究也报告估计值的经验标准差和理论标准差。[①]

表 6.4 是 ARAR-STAR 模型参数估计值的样本性质。从模拟得到的结果来看，可以发现利用拟极大似然法估计 ARAR-STAR 模型的一些重要特征。第一，从模拟结果看，随着 T 和 N 增大，估计的偏差减小，经验标准差和理论标准差也随之下降。第二，经验标准差和理论标准差非常接近，这表明利用负海赛矩阵逆矩阵来估算估计量的标准差是合适的。第三，由于 ARAR-STAR 模型比较复杂，其参数的准确估计需要的数据量较大，在实际运用中，要想得到较准确的估计，T 应大于 10，N 应大于 200。第四，非常难以得到转移函数中平滑参数 γ 的准确估计，与其他参数相比，参数 γ 估计的偏差较大，估计的标准差也相对更大，当 T 和 N 较小

---

① 经验标准差是指这 1000 次参数估计值与真实值偏离的标准差，而理论标准差是指估计得到的负海赛矩阵逆矩阵中对角线上元素。

时，情况尤其如此。这个结论证实了 Dijk 等（2002）[1] 以及 Auerbach 和 Gorodnichenko（2012）[2] 对平滑参数 γ 估计的讨论。

如图 6.1 所示，即使 γ 较大的改变对转移函数的形状影响也较小，因此，要想得到 γ 的准确估计，就需要在 c 附近有许多观测值，因此，需要的数据就更多。另外，正是因为 γ 的改变对转移函数影响较小，对 γ 的估计准确与否就不是非常关键，其对模型中其他参数的估计的影响较小。

[1]　Dick van Dijk, Timo Tersvirta and Philip Hans Franses, "Smooth Transition Autoregressive Models—A Survey of Recent Developments", *Econometric Reviews*, Vol. 21, No. 1, 2002.

[2]　Alan J. Auerbach and Yuriy Gorodnichenko, "Measuring the Output Responses to Fiscal Policy", *American Economic Journal: Economic Policy*, Vol. 4, No. 2, 2012.

表6.4 拟极大似然法估计 ARAR-STAR 模型

T	N	θ		β_1	β_2	β_3	δ_1	δ_2	δ_3	ρ	λ	σ^2	γ	c
5	400	θ^a	bias	0.0368	0.0540	0.0482	-0.0891	-0.1051	-0.0993	0.0078	-0.0029	0.0089	-4.0183	-0.0027
			E-SD	0.3399	0.3867	0.3721	0.7515	0.7888	0.7930	0.0729	0.1000	0.0351	7.8998	0.0392
			T-SD	0.3402	0.3967	0.3640	0.6491	0.6871	0.6722	0.0673	0.0941	0.0360	6.8652	0.0401
		θ^b	bias	0.0385	0.0462	0.0435	-0.1052	-0.1011	-0.1027	-0.0047	0.0099	0.0082	-3.8370	-0.0037
			E-SD	0.3545	0.2894	0.3173	0.6983	0.5709	0.6153	0.0967	0.0854	0.0376	7.8356	0.0440
			T-SD	0.2693	0.2630	0.2704	0.5277	0.5049	0.5197	0.0956	0.0823	0.0367	7.0241	0.0355
10	225	θ^a	bias	0.0494	0.0373	0.0415	-0.1157	-0.1063	-0.1138	0.0069	-0.0025	0.0041	-1.9497	-0.0036
			E-SD	0.4275	0.3232	0.3983	0.7402	0.6563	0.7123	0.0587	0.0818	0.0315	5.5374	0.0489
			T-SD	0.3202	0.2900	0.3059	0.5902	0.5774	0.5618	0.0585	0.0823	0.0321	3.9213	0.0403
		θ^b	bias	0.0351	0.0319	0.0275	-0.0860	-0.0882	-0.0818	-0.0002	0.0056	0.0050	-1.8229	-0.0029
			E-SD	0.3263	0.2739	0.2780	0.5633	0.5597	0.4873	0.0851	0.0708	0.0325	5.3125	0.0405
			T-SD	0.2348	0.2246	0.2253	0.4373	0.4338	0.4119	0.0839	0.0714	0.0327	6.7229	0.0299
10	400	θ^a	bias	0.0197	0.0175	0.0104	-0.0382	-0.0343	-0.0248	0.0014	0.0017	0.0046	-0.4608	0.0024
			E-SD	0.1411	0.1347	0.1371	0.2321	0.2634	0.2360	0.0430	0.0617	0.0248	2.0329	0.0185
			T-SD	0.1370	0.1370	0.1363	0.2243	0.2277	0.2241	0.0438	0.0624	0.0240	1.4366	0.0159
		θ^b	bias	0.0191	0.0173	0.0103	-0.0379	-0.0337	-0.0253	-0.0027	0.0054	0.0044	-0.4542	0.0024
			E-SD	0.1390	0.1329	0.1355	0.2341	0.2799	0.2400	0.0630	0.0539	0.0258	1.9783	0.0193
			T-SD	0.1352	0.1355	0.1346	0.2251	0.2320	0.2255	0.0641	0.0547	0.0245	1.4358	0.0161

续表

T	N	θ		β_1	β_2	β_3	δ_1	δ_2	δ_3	ρ	λ	σ^2	γ	c
15	100	θ^a	bias	0.1049	0.0953	0.0898	-0.2270	-0.2149	-0.2021	0.0081	-0.0034	0.0086	-3.5103	-0.0060
			E-SD	0.6304	0.6913	0.5997	1.1678	1.1409	1.0824	0.0682	0.0958	0.0389	8.0312	0.0641
			T-SD	0.5314	0.5519	0.5075	1.5737	1.7003	1.7158	0.0680	0.0957	0.0385	6.1660	0.0774
		θ^b	bias	0.1340	0.1242	0.1173	-0.2712	-0.2669	-0.2454	-0.0016	0.0079	0.0093	-3.1946	-0.0047
			E-SD	0.8526	0.9567	0.9319	1.5785	1.7047	1.7438	0.0971	0.0870	0.0395	7.7332	0.0671
			T-SD	0.7094	0.7652	0.7325	1.1156	1.1868	1.1072	0.0973	0.0825	0.0393	5.4844	0.0875
15	225	θ^a	bias	0.0326	0.0327	0.0353	-0.0533	-0.0563	-0.0573	0.0016	0.0019	0.0053	-0.8372	0.0044
			E-SD	0.1950	0.1805	0.1955	0.3630	0.3633	0.3348	0.0474	0.0681	0.0264	3.2240	0.0243
			T-SD	0.1729	0.1710	0.1724	0.2820	0.2805	0.2782	0.0460	0.0656	0.0257	1.9585	0.0191
		θ^b	bias	0.0280	0.0286	0.0306	-0.0479	-0.0507	-0.0512	-0.0011	0.0041	0.0052	-0.7473	0.0040
			E-SD	0.1746	0.1641	0.1757	0.3439	0.3506	0.3125	0.0676	0.0589	0.0265	2.9432	0.0233
			T-SD	0.1578	0.1574	0.1587	0.2711	0.2723	0.2671	0.0677	0.0573	0.0262	1.8655	0.0181
15	400	θ^a	bias	0.0134	0.0178	0.0099	-0.0193	-0.0239	-0.0207	-0.0008	0.0042	0.0025	-0.2711	0.0002
			E-SD	0.1051	0.1083	0.1074	0.1740	0.1756	0.1742	0.0350	0.0500	0.0193	1.4113	0.0122
			T-SD	0.1031	0.1036	0.1032	0.1670	0.1678	0.1673	0.0352	0.0504	0.0193	1.0429	0.0117
		θ^b	bias	0.0130	0.0171	0.0097	-0.0192	-0.0234	-0.0207	-0.0025	0.0048	0.0021	-0.2540	0.0001
			E-SD	0.1032	0.1058	0.1049	0.1714	0.1728	0.1706	0.0530	0.0458	0.0196	1.3774	0.0120
			T-SD	0.1016	0.1021	0.1017	0.1647	0.1654	0.1650	0.0522	0.0443	0.0197	1.0237	0.0116

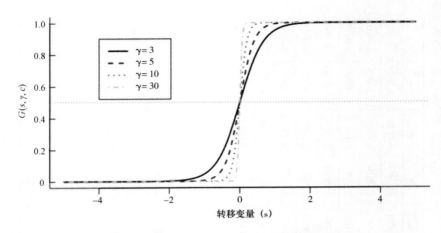

图 6.1　参数 $c=0$，不同参数 γ 下的转移函数

　　方程式（6.1）表示的 ARAR-STAR 模型中 $\lambda=0$ 就得到了方程式（6.2）表示的 SAR-STAR 模型，$\rho=0$ 就得到了方程式（6.3）表示的 SEM-STAR 模型。与 ARAR-STAR 模型参数估计的蒙特卡洛模拟类似，对 SAR-STAR 模型，在参数 θ^a 中设定 $\rho=0.6$，在参数 θ^b 中设定 $\rho=0.3$。对 SEM-STAR 模型，在参数 θ^a 中设定 $\lambda=0.6$，在参数 θ^b 中设定 $\lambda=0.3$。其他参数的设置与 ARAR-STAR 模型的模拟一样。先采用 SAR-STAR 模型和 SEM-STAR 模型生成模拟数据，再利用生成的模拟数据来得到模型的拟极大似然估计。同样，本研究重复这个过程 1000 次，计算这 1000 次模拟估计得到的偏差的平均值以及估计值的经验标准差和理论标准差。

　　表 6.5 和表 6.6 是模拟得到的结果。对 SAR-STAR 和 SEM-STAR 模型的估计结果与 ARAR-STAR 模型估计的结果非常相似，模型参数的精确估计所需要的数据较多，随着 T 和 N 增加，参数估计的偏差和标准差都减小；对 σ^2 和空间依赖性参数 ρ 或者 λ 的估计非常精准，偏差和标准差都很小；对系数参数 β 和 δ 的估计偏差也较小，由于非线性模型的复杂性，与 Lee 和 Yu（2010）[1] 分析的线性模型相比，其标准差要稍大；而参数 γ

----

① Lee L. and Yu J., "Estimation of Spatial Autoregressive Panel Data Models with Fixed Effects", *Journal of Econometrics*, Vol. 154, No. 2, 2010.

表6.5　拟极大似然法估计 SAR-STAR 模型

T	N	θ		β_1	β_2	β_3	δ_1	δ_2	δ_3	ρ	σ^2	γ	c
5	400	θ^a	bias	0.0414	0.0502	0.0524	-0.0920	-0.1043	-0.1025	0.0016	0.0057	-3.6747	0.0000
			E-SD	0.3122	0.3247	0.3667	0.5573	0.6001	0.6389	0.0259	0.0359	7.6732	0.0395
			T-SD	0.2793	0.2868	0.3061	0.4899	0.5038	0.5266	0.0258	0.0357	6.6133	0.0353
		θ^b	bias	0.0494	0.0575	0.0540	-0.1072	-0.1213	-0.1098	0.0018	0.0054	-3.3478	-0.0001
			E-SD	0.3197	0.3184	0.3496	0.6385	0.6391	0.6495	0.0357	0.0348	7.3759	0.0386
			T-SD	0.2988	0.3009	0.3152	0.5480	0.5457	0.5600	0.0354	0.0353	6.0168	0.0355
10	225	θ^a	bias	0.0460	0.0343	0.0387	-0.1179	-0.1116	-0.1157	0.0019	0.0024	-1.8647	-0.0041
			E-SD	0.3586	0.2903	0.3241	0.6971	0.6680	0.6489	0.0224	0.0315	5.3270	0.0479
			T-SD	0.2702	0.2542	0.2633	0.5588	0.5596	0.5404	0.0224	0.0319	3.6892	0.0391
		θ^b	bias	0.0344	0.0272	0.0273	-0.0895	-0.0887	-0.0866	0.0022	0.0027	-1.9224	-0.0033
			E-SD	0.2930	0.2634	0.2711	0.5403	0.5596	0.4845	0.0311	0.0309	5.3990	0.0409
			T-SD	0.2353	0.2346	0.2309	0.4596	0.4725	0.4392	0.0309	0.03150	3.5445	0.0330
10	400	θ^a	bias	0.0191	0.0166	0.0096	-0.0391	-0.0351	-0.025	0.0006	0.0035	-0.4449	-0.0004
			E-SD	0.1393	0.1320	0.1361	0.2317	0.2620	0.2397	0.0169	0.0248	1.9554	0.0189
			T-SD	0.1355	0.1352	0.1348	0.2255	0.2291	0.2261	0.0172	0.0239	1.4277	0.0160
		θ^b	bias	0.0191	0.0166	0.0096	-0.0390	-0.0350	-0.0249	0.0006	0.0036	-0.4470	-0.0004
			E-SD	0.1392	0.1324	0.1360	0.2316	0.2623	0.2375	0.0232	0.0246	1.9645	0.0187
			T-SD	0.1355	0.1354	0.1348	0.2256	0.2292	0.2258	0.0236	0.0236	1.4341	0.0160

T	N	θ		β_1	β_2	β_3	δ_1	δ_2	δ_3	ρ	σ^2	γ	c
15	100	θ^a	bias	0.1030	0.0930	0.0930	-0.2051	-0.2011	-0.1938	0.0013	0.0059	-3.4869	-0.0013
			E-SD	0.5428	0.5707	0.5862	0.8967	0.9296	1.0184	0.0258	0.0386	8.0483	0.0625
			T-SD	0.5582	0.5203	0.5458	1.0772	1.0096	1.0429	0.0257	0.0383	6.7867	0.0590
		θ^b	bias	0.1050	0.0958	0.0937	-0.1924	-0.1896	-0.1793	0.0011	0.0063	-3.4994	-0.0009
			E-SD	0.6135	0.6378	0.635	0.8663	0.9133	0.9352	0.0358	0.0382	8.0947	0.0623
			T-SD	0.5502	0.5876	0.5415	0.9780	1.0526	0.9312	0.0357	0.0377	6.8720	0.0629
15	225	θ^a	bias	0.0330	0.0338	0.0359	-0.0564	-0.0607	-0.0608	0.0004	0.0040	-0.8570	0.0015
			E-SD	0.1965	0.1830	0.1977	0.3717	0.3711	0.3454	0.0187	0.0262	3.2779	0.0242
			T-SD	0.1743	0.1723	0.1739	0.2937	0.2916	0.2892	0.0179	0.0255	2.0323	0.0193
		θ^b	bias	0.0329	0.0337	0.0360	-0.0560	-0.0603	-0.0604	0.0005	0.0040	-0.8583	0.0015
			E-SD	0.1971	0.1837	0.2007	0.3695	0.3688	0.3436	0.0255	0.0258	3.2742	0.0243
			T-SD	0.1696	0.1684	0.1716	0.2790	0.2779	0.2792	0.0247	0.0252	2.0231	0.0188
15	400	θ^a	bias	0.0132	0.0178	0.0095	-0.0198	-0.0247	-0.0212	0.0005	0.0016	-0.2746	0.0005
			E-SD	0.1058	0.1092	0.1085	0.1748	0.1766	0.1758	0.0141	0.0192	1.4203	0.0123
			T-SD	0.1036	0.1042	0.1037	0.1676	0.1683	0.1679	0.0138	0.0192	1.0461	0.0118
		θ^b	bias	0.0132	0.0177	0.0095	-0.0197	-0.0246	-0.0210	0.0006	0.0017	-0.2762	0.0005
			E-SD	0.1057	0.1092	0.1084	0.1747	0.1765	0.1756	0.0193	0.0190	1.4228	0.0123
			T-SD	0.1036	0.1041	0.1037	0.1675	0.1683	0.1679	0.0189	0.0190	1.0470	0.0118

表6.6　拟极大似然法估计 SEM-STAR 模型

T	N	θ		β_1	β_2	β_3	δ_1	δ_2	δ_3	λ	σ^2	γ	c
5	400	θ^a	bias	0.0359	0.0343	0.0344	-0.0928	-0.0834	-0.0816	0.0004	0.0058	-3.4365	-0.0018
			E-SD	0.2940	0.2575	0.2900	0.6178	0.5095	0.5737	0.0295	0.0367	7.5109	0.0398
			T-SD	0.2448	0.2370	0.2457	0.4659	0.4336	0.4553	0.0295	0.0359	6.0156	0.0309
		θ^b	bias	0.0448	0.0543	0.0507	-0.0984	-0.1108	-0.1016	0.0006	0.0056	-3.6974	-0.0004
			E-SD	0.3830	0.3515	0.3514	0.6759	0.6410	0.6484	0.0412	0.0363	7.7985	0.0412
			T-SD	0.3173	0.3140	0.3169	0.5448	0.5332	0.5438	0.0405	0.0354	6.2103	0.0373
10	225	θ^a	bias	0.0541	0.0395	0.0430	-0.1205	-0.1007	-0.1100	0.0006	0.0029	-1.6913	-0.0016
			E-SD	0.7926	0.4710	0.6612	1.4507	0.9030	1.2140	0.0251	0.0316	5.0021	0.0383
			T-SD	0.2913	0.2515	0.2719	0.4819	0.4539	0.4534	0.0256	0.0320	3.5383	0.0336
		θ^b	bias	0.0430	0.0367	0.0334	-0.1053	-0.1040	-0.0987	0.0010	0.0029	-1.8626	-0.0029
			E-SD	0.3641	0.3096	0.3127	0.6656	0.6476	0.5867	0.0351	0.0311	5.3007	0.0443
			T-SD	0.2867	0.2715	0.2710	0.5317	0.5219	0.5041	0.0353	0.0315	3.6455	0.0356
10	400	θ^a	bias	0.0180	0.0165	0.0096	-0.0366	-0.0321	-0.0244	0.0006	0.0035	-0.4494	-0.0004
			E-SD	0.1353	0.1282	0.1323	0.2266	0.2612	0.2328	0.0195	0.0251	1.9442	0.0186
			T-SD	0.1315	0.1316	0.1309	0.2206	0.2258	0.2210	0.0196	0.0240	1.3982	0.0158
		θ^b	bias	0.0188	0.0168	0.0097	-0.0382	-0.0337	-0.0247	0.0008	0.0036	-0.4692	-0.0004
			E-SD	0.1387	0.1307	0.1352	0.2300	0.2580	0.2361	0.0269	0.0247	2.0415	0.0187
			T-SD	0.1343	0.1340	0.1336	0.2228	0.2258	0.2231	0.0269	0.0236	1.4459	0.0158

续表

T	N	θ		β_1	β_2	β_3	δ_1	δ_2	δ_3	λ	σ^2	γ	c
15	100	θ^a	bias	0.1035	0.0914	0.0858	-0.2017	-0.1910	-0.1758	0.0003	0.0066	-3.0910	0.0000
			E-SD	0.6081	0.6730	0.6685	1.0239	1.0898	1.1522	0.0303	0.0392	7.5408	0.0607
			T-SD	0.4527	0.4820	0.4535	0.8066	0.8157	0.7935	0.0294	0.0384	5.4919	0.0531
		θ^b	bias	0.0909	0.0803	0.0763	-0.2075	-0.2007	-0.1823	0.0000	0.0067	-3.3434	-0.0028
			E-SD	0.5410	0.5655	0.5089	1.0835	1.0345	1.0001	0.0420	0.0383	7.8294	0.0599
			T-SD	0.4689	0.4603	0.4298	0.9980	0.9589	0.9123	0.0410	0.0378	6.0555	0.0567
15	225	θ^a	bias	0.0272	0.0280	0.0291	-0.0495	-0.0519	-0.0511	0.0000	0.0041	-0.7366	0.0009
			E-SD	0.1716	0.1599	0.1660	0.3469	0.3521	0.3044	0.0215	0.0262	2.9123	0.0228
			T-SD	0.1536	0.1527	0.1521	0.2672	0.2672	0.2599	0.0205	0.0257	1.8497	0.0175
		θ^b	bias	0.0306	0.0313	0.0331	-0.0539	-0.0572	-0.0573	0.0004	0.0041	-0.8088	0.0012
			E-SD	0.1866	0.1725	0.1845	0.3638	0.3644	0.3292	0.0297	0.0258	3.0946	0.0237
			T-SD	0.1639	0.1625	0.1634	0.3224	0.3237	0.3066	0.0282	0.0252	1.9469	0.0201
15	400	θ^a	bias	0.0127	0.0169	0.0097	-0.0188	-0.0230	-0.0206	0.0009	0.0015	-0.2494	0.0005
			E-SD	0.1026	0.1048	0.1040	0.1702	0.1712	0.1688	0.0163	0.0193	1.3647	0.0119
			T-SD	0.1008	0.1012	0.1009	0.1632	0.1638	0.1635	0.0157	0.0193	1.0178	0.0115
		θ^b	bias	0.0131	0.0175	0.0097	-0.0194	-0.0240	-0.0210	0.0013	0.0016	-0.2665	0.0005
			E-SD	0.1050	0.1079	0.1071	0.1737	0.1750	0.1734	0.0222	0.0190	1.4022	0.0122
			T-SD	0.1029	0.1034	0.1030	0.1665	0.1672	0.1668	0.0216	0.0190	1.0370	0.0117

的估计偏差和标准差仍然较大。与 ARAR-STAR 模型一样，经验标准差和
理论标准差也相差很小。

五 马尔科夫链蒙特卡洛法估计空间面板 STAR 模型

由于空间面板 STAR 模型是高度非线性的复杂模型，文献中已经提出
一些基于马尔科夫链蒙特卡洛（MCMC）的方法来估计这类模型。Cher-
nozhukov 和 Hong（2003）[1] 首先发展了 MCMC 的方法处理一些传统的估
计问题，在一些常规假设满足的情况下，这种方法的好处之一是可以得
到全局最优解。Auerbach 和 Gorodnichenko（2012）[2] 利用向量自回归模
型研究财政政策在经济萧条和高涨时对产出的不同影响，采用平滑转移
的非线性 STVAR 模型，利用 Chernozhukov 和 Hong（2003）[3] 提出的
MCMC 方法估计模型中的参数。基于上述文献，本部分讨论基于 MCMC
方法估计空间面板 STAR 模型，进一步加深对空间面板非线性模型的认
识。Chernozhukov 和 Hong（2003）[4] 证明 MCMC 方法得到的模型的参数
估计依概率收敛到真实值，并且服从渐近正态分布。笔者采用 MCMC
方法估计空间面板 STAR 模型的具体步骤。以 ARAR-STAR 模型为例，
记模型中所有需要估计的参数为 Ξ [5]，采用 Hastings-Metropolis 算法来实
现 Chernozhukov 和 Hong（2003）[6] 的估计方法，具体步骤为：

Step 0：选择参数的初始值 $\Xi^{(0)}$。

对 $n = 1, \cdots, N_{sim}$：

---

[1] Chernozhukov V., Hong H., "An MCMC Approach to Classical Estimation", *Journal of Econometrics*, Vol. 115, No. 2, 2003.

[2] Auerbach, Alan J., Gorodnichenko and Yuriy, "Measuring the Output Responses to Fiscal Policy", *American Economic Journal: Economic Policy*, Vol. 4, No. 2, 2012.

[3] Chernozhukov V., Hong H., "An MCMC Approach to Classical Estimation", *Journal of Econometrics*, Vol. 115, No. 2, 2003.

[4] Chernozhukov V., Hong H., "An MCMC Approach to Classical Estimation", *Journal of Econometrics*, Vol. 115, No. 2, 2003.

[5] 在本研究中，ARAR-STAR 模型中的参数为 $\Xi = (\beta', \delta', \rho, \lambda, \sigma^2, \gamma, c)'$。

[6] Chernozhukov V., Hong H., "An MCMC Approach to Classical Estimation", *Journal of Econometrics*, Vol. 115, No. 2, 2003.

Step 1：在第 n 次抽样中，抽取 $\Theta = \Xi^{(n-1)} + \xi$，[①] 其中 $\Xi^{(n-1)}$ 是马尔科夫链中参数向量的当前状态，ξ 是从正态分布 $N(0, \Omega_\Xi)$ 中抽取的 $i.i.d.$ 冲击向量，其中 Ω_Ξ 是一对角矩阵。Θ 作为马尔科夫链中参数向量第 n 位置的候选抽样。

Step 2：在马尔科夫链中从 $\Xi^{(n-1)}$ 转移到 $\Xi^{(n)}$，其中 $\Xi^{(n)}$ 的值为

$$\Xi^{(n)} = \begin{cases} \Theta & \text{以概率为 } \min\left\{1, \exp\left[\log L(\Theta) - \log L(\Xi^{n-1})\right]\right\} \\ \Xi^{n-1} & \text{否则} \end{cases}$$

(6.41)

其中，$\log L(\Xi^{(n-1)})$ 是马尔科夫链中当前状态下的对数似然函数值，$\log L(\Theta)$ 是候选参数向量下的对数似然函数值。初始值 $\Xi^{(0)}$ 设置为极大似然估计值。本研究设置总抽样次数 $N_{sim} = 100000$，为了防止初始值对最终结果的影响，笔者放弃前 20000 次抽样，最后以 80000 次抽样的平均值作为参数的估计值，Chernozhukov 和 Hong（2003）[②] 证明，在一些常规假设条件下，$\overline{\Xi} = 1/N_{sim} \sum_{n=1}^{N_{sim}} \Xi^{(n)}$ 是 Ξ 的一致性估计。他们也证明，$V = 1/N_{sim} \sum_{n=1}^{N_{sim}} (\Xi^{(n)} - \overline{\Xi})^2$ 是参数 Ξ 的协方差矩阵的一致性估计。

笔者也采用模拟的方法来检验 MCMC 方法估计面板 ARAR-STAR 模型的效果。为了便于比较，参数的设定与表 6.4 中一样，$\theta^a = (1, 1, 1, 1, 1, 1, 0.5, 0.2, 1, 3, 0.5)'$ 和 $\theta^b = (1, 1, 1, 1, 1, 1, 0.2, 0.5, 1, 3, 0.5)'$。笔者只计算了 $T = 10$、$N = 400$ 的情况。表 6.7 是两种估计方法得到的结果。

从表 6.7 中可以看出，两种方法得到的结果非常接近，拟极大似然法估计的系数偏差比 MCMC 法估计的偏差略小，而标准差略大；对参数 γ，MCMC 法估计的偏差和标准差都比拟极大似然法估计的略小。两种方法对空间依赖性参数 ρ 和 λ 以及位置参数 c 和误差项 σ^2 的估计都非常准确。总体上，两种方法都能得到较为准确的估计，在实际运用中，如果两种

---

① 由于在 ARAR-STAR 模型中笔者对一些参数的取值范围作了限制，见方程（6.39），因此，在抽取 Θ 的时候，如果 Θ 不满足这些限制则放弃这次抽样，继续抽样直到抽取到的 Θ 满足笔者对参数作出的限制。

② Chernozhukov V., Hong H., "An MCMC Approach to Classical Estimation", *Journal of Econometrics*, Vol. 115, No. 2, 2003.

表 6.7　拟极大似然法和 MCMC 法估计 ARAR-STAR 模型

拟极大似然法估计

T	N			β_1	β_2	β_3	δ_1	δ_2	δ_3	ρ	λ	σ^2	γ	c
10	400	θ^a	bias	0.0197	0.0175	0.0104	-0.0382	-0.0343	-0.0248	0.0014	0.0017	0.0046	-0.4608	0.0024
			T-SD	0.1370	0.1370	0.1363	0.2243	0.2277	0.2241	0.0438	0.0624	0.0240	1.4366	0.0159
		θ^b	bias	0.0191	0.0173	0.0103	-0.0379	-0.0337	-0.0253	-0.0027	0.0054	0.0044	-0.4542	0.0024
			T-SD	0.1352	0.1355	0.1346	0.2251	0.2320	0.2255	0.0641	0.0547	0.0245	1.4358	0.0161

MCMC 法估计

T	N			β_1	β_2	β_3	δ_1	δ_2	δ_3	ρ	λ	σ^2	γ	c
10	400	θ^a	bias	0.0327	0.0424	0.0403	-0.0628	-0.0744	-0.0723	0.0075	-0.0043	-0.0008	0.1132	0.0015
			T-SD	0.1240	0.1224	0.1222	0.1937	0.1892	0.1898	0.0439	0.0609	0.0242	0.7005	0.0157
		θ^b	bias	0.0358	0.0354	0.0404	-0.0649	-0.0747	-0.0713	-0.0085	0.0119	0.0006	0.0771	-0.0003
			T-SD	0.1212	0.1202	0.1201	0.1868	0.1885	0.1871	0.0612	0.0535	0.0245	0.7186	0.0154

方法给出的结果类似，那么更为确信模型得到了较好的估计。

综上所述可知，目前空间面板平滑转移回归模型的理论研究还处于起步阶段。尽管少量研究对非线性空间面板模型进行了有益的扩展，但却往往只讨论了空间自回归模型，对更加复杂的既有空间自回归又有空间误差的非线性平滑转移模型的研究还非常少见。本书不仅探究了空间自回归、空间误差以及既有空间自回归又有空间误差的三类面板平滑转移回归模型的设定和参数估计问题，还使用蒙特卡洛模拟的方法评估了拟极大似然法和马尔科夫链蒙特卡洛（MCMC）法估计参数的准确性，并比较了不同估计方法的优劣。因此，本书丰富了空间非线性面板的文献，拓展了现有空间面板非线性模型的形式，也为应用研究提供了理论依据。

第二节 中国城市雾霾的影响因素实证分析

一 变量选取及数据说明

第五章通过对中国雾霾污染影响因素的分析，发现经济发展水平、人口密度、产业结构高级化、能源消费、科技创新和对外开放是造成雾霾污染的重要影响因素。经济发展水平的高低更是与雾霾污染存在密切的非线性关系，为了深层次分析这种非线性关系，本章继续沿用上述六个影响指标，依托空间面板平滑转移回归模型，并利用2004—2016年中国225个地级及以上城市的面板数据，深入考察在不同影响因素（人均GDP、人口密度、产业结构高级化、能源消费、科技创新和对外开放）的作用下，社会经济因素对雾霾污染的空间非线性关系。所有指标的选取具体见第五章表5.1所示。考虑到城市雾霾具有明显的流动性和城际传输性，不仅同区域与区域之间是否邻接有关，更是同区域与区域之间的距离密切相关。因此，本章继续沿用距离的倒数作为空间权重矩阵度量不同城市之间的空间距离。

关于转换变量的选取。由于中国各个城市经济发展迥异，不同城市的经济发展水平、人口密度、产业结构高级化、能源消费、科技创新和对外开放等存在较大差异，因此，可能导致社会经济发展对雾霾的影响在不同城市呈现异质性差距。本书结合相关研究[①]，选取经济发展水平（人均 GDP）作为转换变量，检验不同经济发展水平下社会经济因素对雾霾污染的门槛效应。本章所有实证结果均运用 R 语言软件完成。

二　非线性检验

Pede 等（2014）[②] 提出可以采用 LM 检验来对不同类型的空间门槛模型进行选择。为了确定对 PM2.5 影响的空间依赖和非线性门槛特征，这里采用 LM 检验法来验证是否存在空间依赖、是否存在非线性效应以及是否同时存在空间依赖和非线性特征。通过数据和 LM 检验，可以选择并确定最合适的模型。

表6.8　　　　　　　　LM 检验法检验空间依赖和非线性

原假设 H_0	检验统计量	分布	计算值
$\lambda = 0$，给定 $\rho = \varphi = 0$	LM_λ	$\chi^2(1)$	35501.3[***]
$\rho = 0$，给定 $\lambda = \varphi = 0$	LM_ρ	$\chi^2(1)$	35232.7[***]
$\varphi = 0$，给定 $\rho = \lambda = 0$	LM_φ	$\chi^2(k)$	117.3[***]
$\lambda = \varphi = 0$	$LM_{\lambda\varphi}$	$\chi^2(k+1)$	35618.6[***]
$\rho = \varphi = 0$	$LM_{\rho\varphi}$	$\chi^2(k+1)$	35568.3[***]
$\rho = \lambda = 0$	$LM_{\rho\lambda}$	$\chi^2(2)$	35612.1[***]
$\rho = \lambda = \varphi = 0$	$LM_{\rho\lambda\varphi}$	$\chi^2(k+2)$	35765.1[***]
$\rho = 0$，给定 $\varphi \neq 0$	$LM_{\rho\mid\varphi}$	$\chi^2(1)$	30841.1[***]
$\lambda = 0$，给定 $\varphi \neq 0$	$LM_{\lambda\mid\varphi}$	$\chi^2(1)$	33017.3[***]
$\varphi = 0$，给定 $\lambda \neq 0$	$LM_{\varphi\mid\lambda}$	$\chi^2(k)$	73.5[***]
$\varphi = 0$，给定 $\rho \neq 0$	$LM_{\varphi\mid\rho}$	$\chi^2(k)$	99.3[***]

注：[***] 表示在 1% 水平上显著。

① 邵汉华、刘耀彬：《金融发展与碳排放的非线性关系研究——基于面板平滑转换模型的实证检验》，《软科学》2017 年第 5 期。

② Pede V. O., Florax R. J. and Lambert D. M., "Spatial Econometric STAR Models：Lagrange Multiplier Tests, Monte Carlo Simulations and an Empirical Application", *Regional Science and Urban Economics*, No. 49. 2014.

从表6.8可以看出,无论是单变量检验 LM_λ、LM_ρ 和 LM_φ,还是多变量检验 $LM_{\lambda\varphi}$、$LM_{\rho\varphi}$、$LM_{\rho\lambda}$ 和 $LM_{\rho\lambda\varphi}$,在1%的显著性水平下,统计上都显著不为0。因此,LM检验揭示城市之间的PM2.5可能存在着空间依赖和非线性情况,忽视空间依赖的模型将导致OLS估计得到的参数是有偏不一致的。进一步,可以先估计非线性STAR模型,然后检验是否还存在空间依赖。表6.8中 $LM_{\rho|\varphi}$ 和 $LM_{\lambda|\varphi}$ 检验给出的证据显示,给定非线性情况下还存在着空间依赖。最后,估计空间依赖模型,检验是否还存在非线性STAR的情况。$LM_{\varphi|\lambda}$ 和 $LM_{\varphi|\rho}$ 检验表明,在空间模型下,非线性效应在统计上显著。表6.8中所有LM检验显示,城市之间的PM2.5既有空间依赖性,也存在STAR非线性的特征,因此,最终可以确定模型为 ARAR-STAR 模型。

三 拟极大似然法估计结果分析

基于 ARAR-STAR 模型,本研究利用拟极大似然估计法寻找平滑参数 γ 和位置参数 c,得到最终的估计结果,如表6.9所示。

表6.9　　　　　　社会经济因素对雾霾非线性影响的估计结果

转移变量	解释变量	系数	参数估计值	t 值
lnRGDP	lnRGDP	α_1	0.053 **	1.971
		δ_1	− 0.257	− 1.043
	lnpop	α_2	− 0.027	− 1.444
		δ_2	0.093	0.457
	ind	α_3	0.077 *	1.727
		δ_3	− 1.001 ***	− 4.815
	lnele	α_4	0.030 **	2.235
		δ_4	− 0.317 *	− 1.935
	tech	α_5	0.044	1.241
		δ_5	− 0.004 **	− 2.040
	FDI	α_6	0.006 *	1.814
		δ_6	− 0.080 ***	− 8.511
位置参数 c			9.531 ***	23.433
平滑参数 γ			0.531 **	2.597

转移变量	解释变量	系数	参数估计值	t 值
	ρ		0.971 ***	118.478
	λ		0.969 ***	108.917
	σ^2		0.005 ***	41.091

注：*** 、** 、* 分别表示在 1% 、5% 和 10% 的水平上显著。

由于转移变量的存在，使得社会经济因素对雾霾污染的影响系数被分成高、低两个不同的区制，影响系数在这两个区制之间平滑转换。这一结论有力地支持了第二章第四节中提出的研究假设 2，即社会经济因素对雾霾污染存在非线性的影响。α_1—α_6 分别代表了各解释变量在低区制的影响系数，而 δ_1—δ_6 则反映了各变量在高区制的影响系数。表 6.9 中 ρ 和 λ 是代表着空间依赖程度的参数，由于二者显著不为 0，说明如果忽略了空间因素，则模型和结果可能导致严重的偏误。其中，ρ 表示内生交互效应（Wy）的系数，其大小反映空间扩散或空间溢出的程度。表 6.9 中 ρ 值为 0.971 且在 1% 水平下显著，表明被解释变量 PM2.5 存在很强的空间上的内生交互效应，在控制其他解释变量的前提下，邻近地区的 PM2.5 每增加 1%，将导致本地 PM2.5 增加 0.971%。可见，雾霾污染存在"局部俱乐部集团"效应，即有很强的传输性和空间溢出性，导致本地的雾霾污染会显著受到邻近地区的影响。从中国的现实情况来看，雾霾污染表现为"一荣俱荣，一损俱损"的空间相关性，这使得任何一个城市都不能独善其身，跨区域的联防联控和联防联治势在必行。

由表 6.9 可知，大部分解释变量的 P 值都通过了显著性检验，仅有人口密度无论是低区制还是高区制均未通过显著性检验，说明人口集聚这一变量对雾霾污染的影响不明显。而在空间作用下，经济发展水平、产业结构高级化、能源消耗、科技创新和对外开放对雾霾污染浓度变化几乎都存在门槛效应，并且不同影响因素的非线性效应还具有明显的差异。具体来看：

1. 经济发展水平与雾霾污染关系

如表 6.9 所示，α_1 的系数为 0.053，并且在 5% 水平上显著；位置参数 c 为 9.531，说明当人均 GDP 对数值低于 9.531 时，模型趋向低区制，经济发展会加剧雾霾污染。具体而言，当人均 GDP 每增加 1% 时，雾霾污染将加剧 0.053%。出现这种结果的原因主要在于，改革开放以来，随着中国工业化和城镇化的快速发展，经济取得了举世瞩目的成就，但是，这种粗放型的经济发展是以牺牲资源和环境为代价的，不仅仅资源利用率非常低，还导致非常严重的环境问题，加剧了城市的雾霾污染。值得注意的是，高区制经济发展对雾霾污染的影响系数为负（-0.257），也就是缓解了雾霾污染，但是结果并不显著。即从样本期间的研究结果来看，经济发展还没有对雾霾污染产生显著的减排效应，但是，从另外一方面来说，经济发展对雾霾的促增效应不再显著，这意味着中国雾霾污染与经济发展在一定程度上实现了脱钩。不过，这种脱钩效应还不充分，中国必须加快转变经济发展方式，充分利用多种手段治理雾霾，尽早实现经济发展与雾霾污染的脱钩。值得一提的是，鉴于数据的可获得性，本章的研究期间是 2004—2016 年，这正好是中国雾霾污染最严重的一段时期。从 2016 年开始，中国开启了一场史上最严厉的环保风暴。中央环保督察涉及面广、力度大、执法严、速度快，仅两年时间，已经实现对全国 31 个省份的全覆盖。[①] 2016—2018 年，中国空气质量明显好转。2018 年全国 338 个地级及以上城市 PM2.5 浓度为 39μg/m³，比 2013 年下降 30.36%。[②] 相信只要坚持绿色经济发展模式，中国一定可以实现经济发展与环境保护的双赢。

2. 人口密度与雾霾污染关系

依据表 6.9 的结果，可以发现无论是低区制还是高区制，人口密度对雾霾污染的作用都不显著。究其原因，可能在于：一方面，当某一地区的人口密度较高时，会产生规模效应，导致大量的用电需求和机动车需求，这意味着该地区污染物的排放往往更加集中，与此同时，拥挤和密集的城市空间也不利于雾霾等大气污染的扩散，进一步加重了雾霾污染。

---

① 来源于环保在线，http://www.hbzhan.com/news/detail/122715.html。
② 中华人民共和国生态环境部：《2018 中国生态环境状况公报》，http://www.mee.gov.cn/ywdt/tpxw/201905/t20190529_704841.shtml。

另一方面，人口密度高的城市往往经济发展水平也较高，科技水平相对先进，环境治理投资力度较大，城市人口的环保意识也比较强，这些积极因素都有助于雾霾污染的减排。此外，人口密度的增加在很大程度上可以带来集聚效应，通过提高资源使用率、公共交通分担率以及共享治污减排设施等一系列途径降低大气污染。基于上述的规模效应和集聚效应两方面的抵消作用，人口密度对雾霾污染的效应并不显著。因此，中国在建设城市群的过程中，应当尽可能地创造有利条件，促进集聚效应在提高环境资源效率等方面的优势和正外部性，有效缓解雾霾污染。

3. 产业结构高级化与雾霾污染关系

由表 6.9 可知，α_3、δ_3 的系数分别为 0.077 和 -1.001，且分别在 10% 和 1% 的水平上显著。位置参数 c 为 9.531，说明当人均 GDP 对数值低于 9.531 时，模型趋向低区制，产业结构高级化对雾霾有显著的正向影响，影响系数为 0.077。当人均 GDP 对数值超过 9.531 时，模型转向高区制，此时，产业结构高级化对雾霾污染具有显著的抑制作用，影响系数为 -0.924（-1.001 + 0.077），也就是说，雾霾污染通过平滑转换函数作用逐渐减弱，这意味着产业结构的高级化促进了雾霾的减排。导致上述现象的主要原因在于，在经济发展水平不高的时期，由于中国长期粗放式的工业化发展对环境造成严重影响，尽管第三产业占第二产业的比重不断增加，产业结构升级的正外部性还未完全发挥，对环境污染的改善作用还不明显，第三产业尤其是生产性服务业发展还比较滞后，对环境污染的减弱效应还没有完全体现。因此，短期内产业结构升级对雾霾污染仍有显著的正影响，但是影响系数比较小（0.077）。不过，从长期来看，随着经济的进一步发展，科技进步、智能制造、大数据创新等促使工业发展进入新型工业化和良性发展阶段，第二产业对环境污染的影响逐步下降，第三产业对环境污染的贡献逐渐凸显，产业结构的优化升级将大大减少雾霾污染的排放，改善大气环境的质量，所以，进入高区制的产业结构高级化能显著降低 PM2.5 浓度。具体来看，第三产业占第二产业的比重每提高 1%，雾霾污染则大幅度下降 0.924%，减排效应十分明显。

4. 能源消费与雾霾污染关系

在不同的经济发展水平下，能源消费对雾霾污染也呈现显著的门槛效应。由表 6.9 中可知，α_4 和 δ_4 的系数分别为 0.030 和 -0.317，表明当经济发展水平较低时，即人均 GDP 对数值低于 9.531 的阶段，模型趋向低区制，能源消费显著加剧了雾霾污染，影响系数为 0.030。这主要是由于在经济发展水平较低的时候，中国的能源消费主要以煤炭为绝对主导。据新京报报道，燃煤对雾霾的贡献，占一次 PM2.5 颗粒物排放的 25%，对二氧化硫和氮氧化物的贡献分别达到了 82% 和 47%[①]，可见不合理的能源结构是导致中国严重雾霾污染的元凶。当人均 GDP 对数值超过 9.531 时，模型向高区制过渡，随着经济发展水平的提高，国家一方面出台能源结构调整政策，促进能源体制改革，同时大力发展新能源，并加大对新能源技术创新的扶持力度；另一方面，不断加快能源清洁技术发展，既提高单位能源的效率和效用，又通过除尘、脱硝、脱硫控制等手段减少污染物的排放，减少雾霾污染。此时，能源消费对雾霾污染具有显著的正外部性，也就是说，当经济增长跨越门槛值后，能源消费模式实现了从粗放型向集约型的根本转变，最终促进了雾霾污染的有效减排，雾霾污染通过平滑转换函数作用减弱至 -0.287。

5. 科技创新与雾霾污染

从表 6.9 可知，科技创新这一变量在低区制时对雾霾污染影响为正，但是并不显著。当人均 GDP 对数值跨过门槛值 9.531 进入高区制时，科学支出占地方财政支出比重越高，其对雾霾污染的减排作用就越大。具体来说，地方科学支出占比每提高 1%，雾霾污染则下降 0.004%。导致低区制不显著的原因可能在于：第一，科技创新尽管理论上有助于提高单位能源的效率和效用，但同时也会造成能源价格的降低以及生产效率的提高，从而促进了经济增长，进一步又产生了新的能源需求，最终导致能效的改进和提高带来的能源节约效应又被额外的能源消费部分抵消甚至完全抵消，进而降低了雾霾污染的减排效果，这与邵帅等（2016）[②]的研究结果类似。也就是说，在经济发展水平较低的阶段，科技创新产

[①] 经济观察网：《报告称煤炭燃烧是京津冀雾霾主因》，http://news.sina.com.cn/c/2013-12-04/023928879113.shtml。

[②] 邵帅、李欣、曹建华等：《中国雾霾污染治理的经济政策选择——基于空间溢出效应的视角》，《经济研究》2016 年第 9 期。

生的能源回弹效应占据了"上风"，抑制了能源节约效应和技术外溢效应，导致后两者效应的正外部性尚未充分发挥。第二，科技支出的投资往往存在一定的滞后性，不一定会有立竿见影的效果，这也会造成当期的地方科学支出占比对雾霾污染的减弱效果不显著。然而，随着经济进一步发展，当人均 GDP 进入高区制时，科技创新产生的能源节约效应和技术外溢效应的正外部性逐渐增强，同时，前期支出的科技投入也逐渐发挥节能减排的作用，因此，高区制时科技创新显著地降低了雾霾污染。由此可见，科学技术是治理雾霾污染的关键有效手段。许多发达国家都是通过科技进步缓解了雾霾问题，最终实现了大气质量的改善。因此，中国必须要加大与雾霾污染有关的科研投入力度，提高科学技术水平。只有这样，雾霾污染天气才能得到科学有效的缓解。

6. 对外开放与雾霾污染关系

在不同的经济发展水平下，对外开放对雾霾污染呈现显著的门槛效应。从表 6.9 可以看到，α_6 和 δ_6 的系数分别为 0.006 和 -0.080，且分别在 1% 和 5% 的水平上显著。这表明当经济发展水平不高时，即人均 GDP 对数值低于门槛值 9.531 的阶段，模型处于低区制，对外开放显著加剧了雾霾污染。具体来看，当实际使用外资金额占 GDP 的比重每提高 1% 时，PM2.5 浓度将增加 0.006% 。这个结论与"污染天堂"假说是相一致的。由于中国在前些年加快经济发展的步伐，忽视了对环境的保护，环保意识淡薄，环境监管标准普遍偏低，环境规制不够强硬，导致国外一些发达国家为了减少自身的成本，同时保护自身的环境，将一些高污染产业转移到中国，不仅导致中国的生态环境严重恶化，外商投资的增多还使中国的产业结构向工业倾斜，进一步加剧了雾霾污染。当人均 GDP 对数值跨过门槛值 9.531 后，模型转向高区制，此时，对外开放又显著降低了雾霾污染。即当实际使用外资金额占 GDP 的比重每提高 1% 时，PM2.5 浓度将降低 0.074% 。这又符合了"污染晕轮"假说。究其原因，一方面，随着经济的进一步发展，政府充分认识到坚决不能走"先污染后治理"的道路，出台了一系列严厉的环境规制政策，限制了国外高污染产业向中国转移；与此同时，社会公众也提高了环保意识以及对环境质量的诉求，因而可以通过一些非正式环境规制倒逼生态环境的提升；另一方面，FDI 通过引入发达国家先进的生产技术和环境友好型产品以及绿色管理体制，进而对中国的生态环境产生积极影响，促进雾霾污染的减排。

根据表 6.9 中的位置参数 c 和平滑参数 γ，利用 R 语言软件做出转移函数图（见图 6.2）。其中，横轴为转移变量（$\ln RGDP$），纵轴为转移函数。由于本研究得出的平滑参数 γ 数值比较小，只有 0.531，所以从图像上来看，转移函数在区制之间非常平滑。经过进一步计算，我们可以发现，以 9.531 为门槛值，低于门槛值的样本处于低区制，其观测值有 386 个，占所有样本的比重为 13.20%；高于门槛值的观测值有 2539 个，占比 86.80%。经济发展水平以位置参数 c 为中心，在高低两个区制之间平滑转换，转换速率为 0.531。

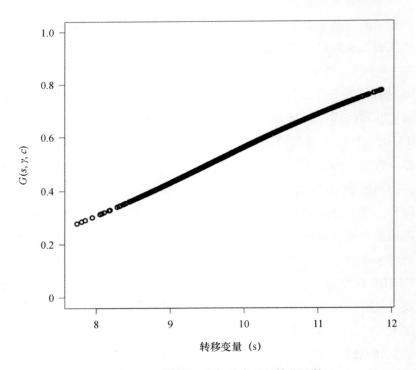

图 6.2　以人均 GDP 为门槛变量的转移函数

四　MCMC 方法估计

在本章第一节（第五部分）中提出了还可以用 MCMC 方法估计面板 ARAR-STAR 模型。因此，笔者再次基于 ARAR-STAR 模型，利用 MCMC 方法估计在不同经济发展水平下，中国城市社会经济因素对雾霾污染的空间非线性关系，并寻找平滑参数 γ' 和位置参数 c'。如果 MCMC 和拟极大似然估计法得出的结果类似，那么说明设定的模型非常稳健，模型估计的结果比较可靠。上述的程序借助 R 语言软件完成，最终的估计如表 6.10 所示。

表 6.10　　　　　　　　　　MCMC 法估计结果

转移变量	解释变量	系数	参数估计值	para95_ low	para95_ high
$\ln RGDP$	$\ln RGDP$	α_1'	0.025	0.007	0.045
		δ_1'	-0.149	-0.182	-0.130
	$\ln pop$	α_2'	-0.028	-0.045	-0.008
		δ_2'	0.114	0.066	0.138
	ind	α_3'	0.075	0.059	0.099
		δ_3'	-0.925	-1.022	-0.862
	$\ln ele$	α_4'	0.029	0.019	0.038
		δ_4'	-0.264	-0.345	-0.177
	$tech$	α_5'	0.062	0.028	0.077
		δ_5'	-0.006	-0.012	-0.002
	FDI	α_6'	0.003	0.001	0.007
		δ_6'	-0.032	-0.072	-0.032
位置参数 c'			9.524	9.508	9.530
平滑参数 γ'			0.562	0.509	0.599
ρ'			0.971	0.952	0.986
λ'			0.969	0.953	0.980
σ'^2			0.005	0.004	0.005

对比表 6.10 和表 6.9 的结果，可以看出，MCMC 方法得到的估计结果与拟极大似然法的估计结果非常相近。具体而言，两种方法下参数估

计值的方向完全一致，数值大小很接近。其中，空间依赖性参数 ρ、ρ' 和 λ、λ' 在两种方法下估计值完全相同。从显著性上来看，MCMC 方法的估计程序中设定了 95% 的置信区间，如表 6.10 所示，"para95_ high" 和 "para95_ low" 分别代表置信区间的上下界。如果 0 落在相应的（para95_ low、para95_ high）区间上，表明该参数估计值在 5% 的水平下不显著；相反，如果 0 不在对应的置信区间内，则意味着参数的估计结果在 5% 的水平下显著。依据这一判断标准，结合表 6.10，可以看出，绝大多数估计值都通过了 5% 的显著性检验，并且各变量系数在高低两区制的显著性结果在两种方法下几乎一致。由此可见，MCMC 方法与拟极大似然法都可以进行比较准确的估计，证明本章构建的 ARAR-STAR 模型的稳健性良好。

综上所述，从拟极大似然法和 MCMC 方法的估计结果来看，本章构建的既有空间自回归又有空间误差的面板平滑转移模型（ARAR-STAR）不但考虑了区域之间的空间依赖性，而且可以深入考察在高、低两个不同区制下中国城市社会经济发展与雾霾污染之间的非线性门槛效应，并且稳健性良好。可见，ARAR-STAR 模型比第五章构建的普通面板模型和空间杜宾模型更适合、更完善，有助于更准确地识别雾霾污染的关键影响因素及影响方向和程度。

第三节　本章小结

本章首先研究了空间面板平滑转移回归模型的设定和参数的估计问题。利用蒙特卡洛模拟的方法，考察了具有个体效应的三类空间面板非线性模型：ARAR-STAR 模型、SAR-STAR 模型和 SEM-STAR 模型。对于模型的设定，利用 LM 检验法来检验是否存在非线性区制转移和空间依赖，模拟结果显示当显著性水平给定为 0.05 时，所有的检验表现都很好，计算得到的拒绝率基本都落在 95% 的置信区间内，检验的功效都很理想，从模拟的结果可以看出，对空间面板非线性模型来说，LM 检验法在小样本下也有很好的表现。对于模型的估计，利用拟极大似然法和 MCMC 方法来估计三类空间面板非线性模型中的参数，并通过蒙特卡洛模拟来评估参数估计的准确性。研究发现，对空间面板平滑转移回归模型中的参数的准确估计需要的数据量较多。一般来说，T 大于 10、N 大于 200 时，拟极大似然法和 MCMC 法都能够得到参数的准确估计，平滑参数 γ 的估计偏差较大，但对 γ 估计的误差不会影响到其他参数的准确估计。

进一步地，基于环境库兹涅茨曲线非线性项和空间关联的存在，本章依托构建的 ARAR-STAR 模型，利用 2004—2016 年中国 225 个地级及以上城市的面板数据，考察了在空间因素及不同经济发展水平下，人均 GDP、人口密度、产业结构高级化、能源消费、科技创新和对外开放对雾霾污染的空间非线性影响，结果发现：

第一，雾霾污染存在"局部俱乐部集团"效应，即有很强的空间溢出性。邻近地区的 PM2.5 每增加 1%，将导致本地 PM2.5 增加 0.971%。即本地的雾霾污染会显著受到邻近地区雾霾的影响。

第二，社会经济因素与雾霾污染之间存在复杂的空间非线性关系。经济发展水平、产业结构高级化、能源消费、科技创新和对外开放在空间的作用下对雾霾的减排效应会随着经济发展，在高、低两个区制之间进行平滑转换，呈现复杂的异质性。该结论较好地支持了第二章理论分析中提出的研究假设 2：社会经济因素对雾霾污染存在非线性的影响。具体而言：

（1）以人均 GDP 作为转移变量，当人均 GDP 对数值小于 9.531 时，模型趋向低区制，经济发展会加剧雾霾污染。特别地，当人均 GDP 每增加 1% 时，雾霾污染将加剧 0.053%。进入高区制时，经济发展对雾霾污染具有正外部性，但并不显著。这一方面说明经济发展还没有对雾霾污染产生显著的减排效应，另一方面也说明经济发展对雾霾的增排效应不再显著，意味着中国雾霾污染与经济发展在一定程度上实现了脱钩。不过，这种脱钩效应还不充分，中国必须加快转变经济发展方式，充分利用多种手段治理雾霾，尽早实现经济发展与环境保护的双赢。

（2）产业结构高级化对雾霾污染有显著的门槛效应。当人均 GDP 对数值低于 9.531 时，产业结构高级化对雾霾有显著的正影响，影响系数为 0.077。当人均 GDP 对数值超过门槛值时，雾霾污染通过平滑转换函数作用逐渐减弱至 -0.924，即产业结构的高级化促进了雾霾的减排。

（3）能源消费对雾霾污染也呈现显著的门槛效应。在人均 GDP 对数值低于 9.531 的阶段，能源消费显著加剧了雾霾污染，即当人均 GDP 每增加 1% 时，雾霾污染将加剧 0.030%。当人均 GDP 对数值跨过门槛值进入高区制时，能源消费模式实现了从粗放型向集约型的根本转变，最终促进了雾霾污染的有效减排，雾霾污染通过平滑转换函数作用减弱至 −0.287。

（4）科技创新在高区制时对雾霾有显著的减排作用。具体地，地方科学支出占比每提高 1%，雾霾污染则下降 0.004%。低区制时由于受到能源回弹效应及科技投资效果的滞后性等因素影响，科技创新对雾霾污染的作用并不显著。

（5）在不同的经济发展水平下，对外开放对雾霾污染有明显的门槛效应。当人均 GDP 对数值低于门槛值 9.531 的阶段，对外开放显著加剧了雾霾污染，影响系数为 0.006。但当人均 GDP 对数值跨过门槛值后，随着经济的进一步发展，对外开放又显著降低了雾霾污染，即当实际使用外资金额占 GDP 比重每提高 1% 时，PM2.5 浓度将减少 0.074%。因此，提高外资环境门槛，加强外资监管，是促进雾霾减排的重要途径。

（6）由于人口集聚产生的规模效应和集聚效应有相互抵消的作用，导致人口密度对雾霾污染的效应在两个区制中都不显著。因此，中国在建设城市群的过程中，应当尽可能地创造有利条件，促进集聚效应的正外部性，有效缓解人口集聚对雾霾污染产生的规模效应。

本章最后采用 MCMC 方法对模型进行了重新估计，得到的结果与拟极大似然法的估计结果非常相近，证明构建的 ARAR-STAR 模型的稳健性良好，模型估计的结果比较可靠。

第 七 章

中国城市雾霾治理与社会经济
协调发展对策

　　城市雾霾是随着经济增长和社会发展而到来的。在工业革命之前，城市的大气污染并不严重，人们对环境尤其是空气质量还没有足够关注与重视。但在 19 世纪工业革命之后，一些主要的发达国家开始出现了严重的大气污染和城市雾霾问题，不但严重影响了经济社会的可持续发展，而且对人们的身心健康和日常生活造成了极大的威胁。在面对这些社会经济发展带来的环境问题时，一些发达国家如英国、美国、德国、法国和日本等，根据本国国情采取了一系列的治理措施，并取得了较好的成效。本章通过梳理和总结发达国家成功治理雾霾的经验，并结合前文的研究分析，最终提出中国城市雾霾治理与社会经济协调发展的对策，期望对政策制定部门有一定的参考价值。

第一节　国外雾霾治理的经验借鉴及启示

一　英国：政府主导下的全员参与

　　英国是世界上第一个工业化国家，在实现工业化和城市化的过程中，经历过一段严重的空气污染时期。其中，骇人听闻的便是"伦敦烟雾事件"。1952 年 12 月，伦敦出现了持续 5 天的烟雾天气，空气中的二氧化硫增加了 7 倍，烟尘增加了 3 倍，每天有 1000 吨烟尘粒子、2000 吨二氧化碳、140 吨盐酸和 14 吨氯化物被排放到伦敦的空气中。[1] 据统计，这场烟雾导致了约 4000 人死亡，并且后续又造成了约 8000 人非正常死亡，以及数以万计的居民感染了呼吸道疾病，严重的后果一时间引起了全世界的广泛关注。

"伦敦烟雾事件"以后，英国政府痛定思痛，开始认识到环境保护的重要性，先后出台了一系列环境保护政策和法案[2]，同时，充分发挥科研机构的力量科学治理雾霾，并积极鼓励公众参与治理，取得了显著的成效。

（一）政府立法，建立健全法律法规

1956 年，英国政府颁布了世界上第一部具有现代意义的空气污染防治法——《清洁空气法案》（Clean Air Act）。此法案旨在大规模改造城市居民传统炉灶以减少煤炭使用量，并规定冬季尽量采取集中供暖；此外，还在规定区域设立了禁烟区，同时对烟雾的排放量进行了严格的控制。企业如果排放超标，将面临巨额罚款。1968 年，英国政府对该方案进行了进一步修订，扩大了烟尘的控制范围。之后英国政府出台了《空气污染控制法案》（1974），规定了工业燃料的含硫上限。1981 年颁布了《机动车含铅量规定》，1989 年颁布了《空气质量标准法案》。1991 年英国政府颁布了《车辆道路管理规定》，明确规定了道路车辆的排放标准。1995 年英国通过了《环境保护法》，该法要求制定防治污染的全国战略，同时明确了中央政府对空气污染治理的权力与责任，包括统一制定和分配执行战略。此外，各市政府成立专门的空气质量管理区，负责实现各地区的空气达标任务。2008 年英国政府制定并出台了《气候变化法案》，是全球首个在碳排放方面提出法律规定的国家。法案要求成立气候委员会，负责向政府提供独立的专家意见和指导；同时开发新能源，并且每年向议会提交公开、透明的报告。之后，英国政府相继出台了《伦敦空气清洁法案》（2013），修订了《气候变化法案》（2019）与《环境法案》

① Hamlin C. and Clapp B. W. , "An Environmental History of Britain: Since the Industrial Revolution", *Albion A Quarterly Journal Concerned with British Studies*, Vol. 27, No. 4, 1996.

② 彭磊：《英国环境信息公开法律对我国立法的启示》，《中国地质大学学报》（社会科学版）2013 年第 S1 期。

（2019）等。①　这一系列法案的有效实施极大地改善了英国的空气质量。

表 7.1　　　　　　　　　　　英国空气环保法案一览

年份	法案	内容
1956	《清洁空气法案》	大规模改造城市居民传统炉灶，在城市内设立禁烟区，严格限制工厂排放，冬季集中供暖等
1968	《清洁空气法案（修订）》	扩大烟尘的控制范围，进一步严加管理
1974	《空气污染控制法案》	规定工业燃料的含硫上限
1981	《机动车含铅量规定》	规定汽油的含铅量的上限
1989	《空气质量标准法案》	欧洲共同体在英国引入空气质量标准
1991	《车辆道路管理规定》	交通部对乘用车及轻型货车制定严格排放标准
1995	《环境保护法》	制定了防治污染的全国战略
2008	《气候变化法案》	规定 2020 年英国二氧化碳排放量计划；成立气候委员会；开发新能源
2013	《伦敦空气清洁法案》	要求清除伦敦雾霾
2019	《气候变化法案（修订）》	确认到 2050 年实现温室气体"净零排放"
2019	《环境法案（修订）》	确保环境保护为所有决策的核心目标；增强地方政府权力，以处理当地家庭垃圾焚烧等空气污染源

（二）调整产业结构，引导企业转型升级

在日益严重的雾霾污染面前，英国政府不得不思考产业结构的调整方向和企业的转型升级，以寻求经济发展与城市环境之间的平衡。以煤炭产业为例，在对本国煤炭业进行考察后，英国政府将煤炭行业发展战略进行了调整，从煤炭开采转向洁净利用和环境保护。1994 年，英国政府发布《能源政策 63 号报告》，该报告的核心目标在于洁净煤技术。在考虑企业转型升级的问题上，英国政府十分注重经济和环境的协调发展，采取了许多激励措施：一是对相关企业征收大气环境变化税，二是建立

---

① 申俊：《PM2.5 污染对公共健康和社会经济的影响研究》，博士学位论文，中国地质大学，2018 年。

了碳排放交易制度，三是通过政府投资及补贴，设立企业碳基金等多种
方式和手段，引导企业转变高耗能的生产方式，激励其在日常经营过程
中加强环保，承担起保护环境的社会责任。

经过一系列严格的立法执法与产业调整，英国的产业结构以及能源消
费结构均发生了显著的变化。如图 7.1 所示，英国的能源结构在 1968—
2018 年转变十分明显。其中，煤炭和石油占比均在下降，尤其是煤炭，
1968 年占能源消耗总量的 50.51%，1998 年就大幅下降到 17.03%，到了
2018 年，该比例再次下降到只有 3.93%。可见煤炭带来的污染也大幅度
减少。同时，天然气与核能占比上升显著，逐步取代了煤炭这一不可再
生能源的主导地位。其中，天然气占能源总消费的比例从 1968 年的
1.32% 上升至 2018 年的 35.28%。此外，英国还一直鼓励和倡导使用新
能源，以及发展风能、电能等绿色能源。

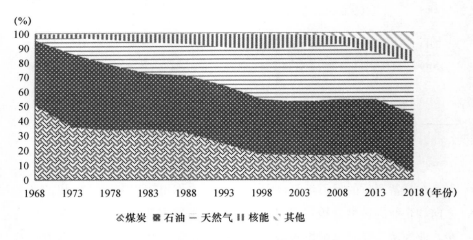

图 7.1 英国能源消费结构①

（三）充分发挥科研机构力量，科学治理雾霾

英国在治理雾霾问题时十分重视科研机构的参与，一是充分利用英
国高校的科研力量，如剑桥大学、帝国理工学院、威尔士大学、伦敦国

① 根据 BP 石油公司数据库数据整理而得，http://tools.bp.com/energy - charting - tool。

王学院、利兹大学等，深入研究空气质量标准、车辆尾气排放标准的制定，以及排污企业烟囱的重新改造、环保产品的研发与生产流程，还有大气污染对农作物以及土壤危害的测度研究等方面，取得了许多有益的科研成果。二是积极鼓励一些科研院所，以及工厂的研发部门参与到大气治理与环境保护的工作当中。例如，英国著名的华伦泉实验室依据遍布全国各城市和地区超过 1200 个监测站的实时监测数据，对大气中烟尘及 SO_2 的含量进行科学的测算，得出各地区的大气污染状况，进一步针对性地提出区域治理措施。值得一提的是，英国是全球第一个将空气质量状况及治理情况向社会实时披露的国家。通过这些科研机构的共同努力，英国的雾霾治理得到了科学的指导，收到了显著的成效，极大地推进了英国环境治理的进程。

（四）鼓励公众参与，监督治理雾霾

社会公众在环境保护中起着不可替代的作用。英国政府充分认识到这一点，并积极鼓励公众参与到环境保护与政策讨论中。公民有权通过《自由信息法》，向政府的环保部门获取关于空气质量数据，被咨询部门必须在二十个工作日内予以答复，充分保障公民的知情权。在雾霾污染治理的监督权方面，英国民间环保组织与伦敦国王学院合作开设了"伦敦空气质量网络"，该网络可以监测并发布伦敦市各地区的空气实时数据，政府不得指责其违法违规。此外，英国政府还一直积极推动公众参与大气污染治理和各项环保治理的决策与行动中，同时利用各种媒介和平台积极宣传绿色环保的生活方式和理念，鼓励公众真正成为雾霾治理的践行者。

二　美国：多措并举，区域协同治理

美国是世界上最发达的国家，在 20 世纪四五十年代，美国工业空前发展，石化能源大量开采，机动车的数量大幅上升，但随之而来的还有严重的环境污染问题。其中，影响最大的是洛杉矶"光化学烟雾事件"、宾夕法尼亚"多诺拉烟雾事件"以及芝加哥空气污染。前两个事件被列入世界八大环境公害事件，引起了全球的广泛关注。频繁发生的雾霾污染不仅给美国带来了巨大的损失，还对居民的健康造成了非常严重的威

胁。1955 年的光化学烟雾事件直接导致超过 400 人死亡。在多诺拉烟雾
事件中，多诺拉 14000 的居民中有近 6000 人出现了眼痛、头痛、呕吐等
症状，17 人死亡。1962—1964 年，芝加哥因大气污染问题每年接到来自
市民的投诉超过 600 万个，成为美国第二大污染城市。在巨大舆论压力的
推动下，美国政府痛下决心，先后制定和通过了一系列大气保护的法律
法规。

（一）制定环保法案，完善空气质量标准

1955 年，美国联邦政府颁布了《空气污染控制法》，这是美国首部专
门为大气污染制定的法律，旨在加强对空气污染的防治。该法案的颁布
形成了空气治理的基本原则。随后，联邦政府陆续颁布了《联邦清洁空
气法》（1963）、《机动车空气污染控制法》（1965）、《空气质量法》
（1967）和《国家环境政策》（1969）。但由于州政府和联邦政府在执行
的权限与标准上存在差异，导致实施的效果并没有达到预期效果。为了
解决这一问题，更好地治理空气污染，美国国会于 1970 年通过了《清洁
空气法修正案》，不仅进一步加强和明确了联邦政府在空气污染治理中的
权力与责任，并且对于环保项目给予含资金和技术在内的各种保障支
持①，更重要的是，该法案还促成美国环保局（Environmental Protection
Agency，EPA）的成立，负责制定空气质量标准，同时执行和监管各种空
气污染物的排放，并根据不同类型和性质的污染源及污染物，有针对性
地实施治理措施。在此之后的 1977 年和 1990 年，美国国会又对该法案进
行了修订和完善，从而形成了一套十分完备的空气质量标准和污染物排
放指标体系，对全球的空气污染治理有重要的科学价值。除此之外，联
邦政府还颁布了《资源保护和恢复法》（1976），规定了危险废物处置所
产生的气体排放问题。2016 年《有毒物质控制法案》出台，该法案旨在
控制有毒物质的排放，包括对大气造成污染的有毒气体。

---

① Kraft and Michael E., "U. S. Environmental Policy and Politics: From the 1960s to the
1990s", *Journal of Policy History*, Vol. 12, No. 1, 2000.

表7.2　　　　　　　　　　　美国主要空气环保法案一览

年份	法案	内容
1955	《空气污染控制法》	第一部全国性空气污染治理法案
1963	《联邦清洁空气法》	处理跨州空气污染问题，为固定污染源与机动车污染源制定排放标准
1965	《机动车空气污染控制法》	制定机动车（或发动机）标准
1967	《空气质量法》	联邦颁布的标准文件，建立州内与跨州空气质量控制区，对机动车污染设立全国统一标准
1970	《清洁空气法修正案》	制定全国空气质量标准，规定六种主要污染物，州政府独立实施原则
1976	《资源保护和恢复法》	规定危险废物处置所产生的气体排放问题
1977	《清洁空气法修正案》	显著恶化地区的污染预防措施，制订长期研究计划要求州政府向环保局提交报告
1990	《清洁空气法修正案》	新增强制执行汽车排放新标准、清洁燃料计划等
2016	《有毒物质控制法案》	旨在控制有毒物质包括毒气的排放

（二）调整能源结构，鼓励发展新能源

20世纪初，美国工业化发展迅速，煤炭作为最主要的燃料，其燃烧所产生的细微颗粒物，是导致雾霾污染的重要原因之一。所以，要想从根本上解决大气污染，就必须要尽快调整能源结构。1978年，美国出台《能源税法案》，明确规定对购买及使用清洁能源设备的企业及居民提供高额的税收优惠。1983年，美国政府颁布了《可再生能源组合标准》，这一标准提出建立可再生能源凭证交易制度，并对各个州的电力供应商规定了其可再生能源供电的比例要求。到了2005年，美国颁布实施新的《能源政策法案》，该法案提出了包括税收优惠、财政补贴、财政贷款在内的多种方式，鼓励和倡导发展新能源。

在一系列激励政策的推动下，美国的能源结构得到了一定程度的改善。如图7.2所示，煤炭消费量占比从1968年的20.37%下降到2018年的13.78%。石油的消费虽然没有较大变化，但也保持了下降的趋势，从1968年的45.55%减少到2018年的39.98%。天然气的消费占比相对保持稳定，但核能的使用从 1968 年的 0.21% 上升到了 2018 年的 8.36%。正是由于减少了对煤炭和石油的消费和依赖，同时增加了对清洁能源的使用量，美国的雾霾污染得到了有效的缓解。

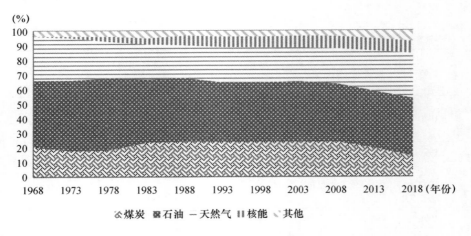

图7.2 美国能源消费结构①

（三）加强区域协作，实现联防联控

1946 年洛杉矶光化学烟雾事件发生后，美国成立了第一个地方空气质量管理机构——烟雾控制局，并设立了全国首个工业污染气体的排放标准以及许可证制度。尽管许多工厂因为超标排放被迫搬迁甚至倒闭，但是空气污染问题并没有得到有效解决。在治理雾霾污染的过程中，美国政府逐渐意识到，由于空气具有很强的流动性，空气污染已经不单单是某一个城市的问题，而是区域性甚至是更大范围的问题，因此，雾霾治理必须要加强区域协作，邻近的城市及地区必须共同参与。1947 年，洛杉矶县空气污染控制区设立，这是美国第一个空气污染的区域管制项目，对所有工业企业均设置了大气污染准入制度。由于这个污染控制区在改善大气污染问题上的效果显著，加州的几个县也跟着学习借鉴，先后成立了类似的组织。为了更好地改善空气质量，1967 年，美国成立了

---

① 根据 BP 石油公司数据库数据整理而得，http：//tools. bp. com/energy – charting – tool。

加州空气资源委员会，进一步扩大雾霾污染的治理范围。在美国众多的空气质量管理机构中，最有名的是 1977 年成立的南海岸空气质量管理局（SCAQMD），它是由南加州包括橙县在内的多个地区联合设立的，涉及超过 160 个城市，面积超过 2.5 万平方公里。它的使命是制定区域性的空气质量控制与污染治理方案，对区域内污染物排放进行科学统一的监督和管理，从而解决跨区域性的大气污染问题。①

从效果上来看，这种地方区域管理机构不仅提升了整个区域的空气质量，也加强了各个地区之间的配合与协作，一定程度上实现了治污权力的下放，成为美国乃至全世界污染治理区域合作的典范。

三　德国：重视环保教育，优化能源结构

德国在 19 世纪后期完成民族统一后，便抓住了第二次工业革命的大好时机，经济实现了快速发展，仅仅用了不到 40 年的时间，就超越英法，成为欧洲头号强国。到了 20 世纪初期，德国的化工产业非常发达，化学品产量一跃成为世界第一，世界上超过 80% 的燃料产自德国。与此同时，随着工业的迅速发展，出现了著名的鲁尔工业区。鲁尔河两岸的城市依据优越的自然地理条件，发展采煤、机械制造等工业，导致煤炭的消耗量急速增长。这些煤炭燃烧产生的废气给德国人民带来了严重的空气污染。20 世纪 70 年代初，德国的空气质量愈加恶化，烟霾天气频繁发生，CO_2 的排放量达到了每年 770 万吨，工业废水使得母亲河莱茵河变得浑浊且散发着恶臭，湖中生态物种急剧减少。由于工业废气废水的大量排放，导致德国很长一段时间饱受酸雨之害，树木枯萎甚至死亡，森林大片被毁。

面临日益恶化的大气污染，德国政府逐渐认识到环境保护的重要性，开始实施一系列措施来缓解空气污染问题：

（一）强化法制建设，严格检测环境污染

德国建立了非常健全的有关大气环境保护的法律法规，包括《联邦环境污染防治法》（1974）、《德国 21 世纪环保纲要》、《环境条例和标

---

① 陈亮：《借鉴国际经验探析我国雾霾治理新路径》，《环境保护》2015 年第 5 期。

准》、《联邦废气排放法》（1990）等。1994 年，"保护环境"成为国家重要目标被列入德国的《宪法》。1955 年，联邦德国工程协会专门设立了一个由 143 位专家组成的空气净化委员会，为有关立法提供科学依据①。这些法律法规的出台，让更多的德国民众和企业意识到了大气保护的重要性，也为德国的大气治理和环境保护提供了强有力的法制支持。

此外，德国是世界上拥有最完备的环境污染网络检测系统的国家之一。它的环境污染网络检测系统整合了检测内容、检测指标、检测手段及检测结果运用等，具有较高的系统性、协调性和整体性。通过这个系统，德国有关部门可以了解国家及各地区的空气环境状况。例如，为了检测工业企业排放废气的情况，在企业废气排放出口设置传感器，并安装实况录像。这样一来，环境监管部门和民众就可以通过互联网来查看企业废气排放的数据和实施情况，从而更好地参与大气环境的治理。

（二）改善能源消费结构，实施能源开发利用战略

在能源利用方面，德国政府通过多种方式和手段积极鼓励和倡导发展再生能源，以摆脱对煤炭等不可再生资源的过度依赖。一是采纳了欧盟的排放权交易制度，许可企业进行排放权交易；二是对购买新能源汽车和电器的社会公众进行补贴，如 2007 年时曾立法规定，对配有颗粒过滤装置的柴油机汽车进行补贴，而对未安装清洁装置的汽车征收额外的附加费；三是对清洁能源如风电、生物能、太阳能等实行免税或者减税，以及提供更优的入网条件和产品价格来提高其市场竞争力。2010 年 9 月，德国还发布了一套专门针对能源开发利用的长期发展战略，旨在提高新能源的应用，优化能源结构。最重要的是，德国先后有效实施了 100 个"空气清洁与行动计划"，通过减少可吸入颗粒物来改善空气质量，成为闻名世界的治理雾霾示范方案。

在这些行动方案的有效执行下，德国的能源消费结构发生了非常显著的转变。如图 7.3 所示，1968—2018 年，德国以煤炭、石油为绝对主导的能源消费结构已经得到了合理有效的调整。其中，煤炭占比从 1968 年的 53.86% 下降到 2018 年的 20.5%，下降趋势十分明显。石油能源消

①　邹晓燕：《德国生态环境治理的经验与启示》，《当代世界与社会主义》2014 年第 4 期。

费占比在近50年也从41.29%降至33.71%。与此同时，天然气与其他能源消费份额分别从1968年的2.5%和0.18%大幅度上升至23.43%与17.04%。显然，德国能源消费结构的优化极大地缓解了大气污染，推动了环境治理的进程。

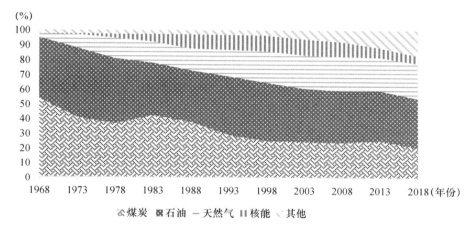

图7.3　德国能源消费结构①

（三）重视环保教育，设立专业环保机构与组织

德国的环保教育举世闻名，它是最早提出将环保纳入教育的国家之一。德国的孩子在进入幼儿园时，就注重环保意识的培养。他们会有环保课，在环保课上，学习基础的环保知识，并且学以致用。在德国，人们把保护环境视为仅次于就业的国内第二大问题。对他们来说，环保是一生都需要不断奋斗的事业。无论是德国联邦政府，还是各州和各县政府，都设有官方的环保机构。各级政府均把开发环保技术作为重中之重，每年投入近百亿欧元用于环保项目。企业也十分重视节能减排，每年不惜花30亿欧元用于环保投资。在这种氛围下，德国的环保产业非常发达，不但就业人数高达百万，而且每年环保产品的出口量名列世界前茅，更值得称道的是，德国还拥有上千个环保组织，民众十分积极参与环保

---

① 根据BP石油公司数据库数据整理而得，http：//tools.bp.com/energy‑charting‑tool。

组织所承办的活动，环保志愿者数量也较为庞大。

正是由于严格的环保立法与执法，以及公众强烈的环保意识，再加上先进的环保技术，德国已成为世界环保事业的表率，彻底摆脱了雾霾污染的笼罩，恢复了蓝天白云和山清水秀。

四 法国：科技先行，大力发展绿色公共交通

早在 20 世纪中期，伴随着工业化发展，即便有着"浪漫之都"称号的巴黎也遭受了雾霾的困扰。值得一提的是，由于柴油机动车在法国市场份额中占绝对主导地位，而柴油车比汽油车排放的污染物和悬浮物更多，因此，汽车尾气排放也是法国空气污染的一个重要因素。此外，法国冬天寒冷干燥，空气不流通，加之居民大规模使用以木柴和煤炭为燃料的火炉取暖，进一步加剧了雾霾污染。从 1960 年法国国家电视台播出的雾霾短片来看，巴黎的空气污染已经不容忽视。更严重的是，自 2009 年起，欧盟委员会已经累计向法国政府发出 6 次警告，敦促其采取严厉措施改善空气质量。2013 年冬季，法国共有 15 个城市出现了严重的雾霾污染，细小颗粒污染物排放屡次超过欧盟标准上限，遭到了欧洲法庭的起诉和惩罚。根据相关数据统计显示，法国每年有超过 4 万人死于空气污染导致的各种疾病；此外，医疗开支和劳动生产率下降而造成的经济损失每年超过 10 亿欧元[①]。可见，严重的空气污染已经影响到法国人民的正常生活和身体健康。为了解决这个棘手问题，法国政府倡导科技先行，大力发展清洁的公共交通，并制定了一系列针对大气污染的专项行动计划，取得了较好的成效。

（一）大力推进科技创新，建立完备的监测和预警系统

面对长期困扰的雾霾污染问题，法国政府大力推进科技创新。由于法国在气象、气候领域方面的研究处于世界领先地位，加上法国科学院、法国工业环境科学院等研究机构和环保企业的共同努力，法国已经形成了一套较为完善的空气污染监测和预警系统。从 1990 年起，法国巴黎大

① 刘玲玲：《法国多地空气污染治理不达标》，http://world.people.com.cn/n1/2019/1224/c1002-31519266.html。

区空气质量管理中心（AIRPARIF）直接负责向社会公众提供整个巴黎区的空气质量预报和分析工作。目前 AIRPARIF 在空气质量预报领域具有丰富的经验，与此同时，建立了标准化的预报体系及业务流程。2005 年，法国开始启用更先进的 ESMERALDA 系统，该系统是法国包括巴黎大区在内的 6 个地区共同开发和使用的空气质量预报和可视化平台，该平台的建设为 6 个地区提供了空气质量预报和污染分布地图等信息资料，同时也为跨区域污染传输的模拟研究提供了有益的帮助。2014 年，在法国国家科学院的研究和努力下，首台激光测量仪研制成功，并被装置在巴黎 15 区安德烈·雪铁龙公园上空的热气球上，它不仅能实时监测出空气中"纳米微粒"的含量，还可以据此进一步预测未来的空气质量趋势。除此之外，法国还研发了区域空气质量模型（CHIMERE），该模型现在已成为欧盟空气质量预报模型，可用于气溶胶及其他空气污染物的浓度预测，以及污染源控制的效果评价等。上述先进和完备的空气质量监测和预警系统为巴黎乃至法国的大气污染治理提供了科学的依据，有效地推进了雾霾天气治理的进程。

（二）大力发展绿色公共交通，倡导绿色出行

针对本国柴油机动车占比过多，排放尾气加剧雾霾污染的问题，法国政府出台了一系列交通管制政策，并大力发展绿色公共交通。一方面，政府对于汽车出行实行了严格的单双号限行政策（消防车、急救车、警车等社会必需车辆不受车牌号限制）。政府还鼓励拼车，对于拼车大于 3 人的车辆不实施限行政策。为了规范拼车市场环境，法国政府制定了"拼车标签"制度，在双方自愿的基础上根据不同的拼车类型和方式，给予家庭用车、公务用车等不同的"拼车标签"；同时在城市周边设立"拼车服务区"，配备相应的标识牌、必要的装备以及相关的商业服务点。另一方面，法国政府为了提高公共交通的使用率，减少交通出行带来的空气污染，为市民提供免费的地铁、公交车等服务，让民众感受到国家治理空气污染的决心。此外，法国政府还制定了新能源汽车、电动车等购买补贴政策，同时大力提倡市民使用自行车，为此巴黎市议会还决定扩大自行车道长度，并继续对购买两轮电动车者施行补贴价格，以鼓励市民绿色出行。值得一提的是，2020 年 1 月，法国政府正式颁布实行《交

通未来导向法》①，其中提到，法国政府将推出电动公交车，到 2022 年前把电动汽车充电桩数量增加 5 倍，并设立自行车基金，总额高达 3.5 亿欧元，并明确规定在 2040 年前停止出售使用柴油、汽油和天然气等化石燃料的车辆。

（三）发展低能耗建筑，严格控制工业排放

由于法国森林资源比较丰富，居民冬季大多数采用火炉取暖，其燃料以木柴为主，燃烧释放的大气污染物在一定程度上加剧了雾霾天气。为此，1996 年，法国政府制定并通过了《空气与能源合理利用法》，鼓励和倡导城市采取集中供热。例如，巴黎市的供热主要由巴黎城市供热公司提供，该公司不但可以根据城市供热需求，灵活和智能地调节能源的使用，而且充分利用热电联产回收热能，并尽可能地提高生物质能和地热能等可再生能源的使用比例，控制和降低煤炭等一次性能源使用比例，从而在减少污染的同时提高产能。除此之外，法国政府还制定了新的《建筑节能法规》，从 2013 年开始，对新申请的建筑必须符合年耗能的限制进行了大幅度的调整。所有新建建筑必须按照更严格的低耗能标准建造，为此，可持续发展建筑得到了大力推进，一大批新材料、新能源在建筑设计中得到了广泛应用。同时，对耗能巨大、污染严重的老建筑也逐批得到了改造。除了建筑业，法国政府还对污染严重的化学工业、煤炭工业以及钢铁业等实施了非常严格的监督，明确规定上述行业企业至少两年要进行定期检测，与此同时，对各行业的排污水平设置了明确的上限，一旦超标排放，企业将面临巨额的罚款甚至停业整顿。

经过综合治理，法国的工业污染物排放得到了有效控制，空气质量得到了比较显著的改善。与此同时，能源消费结构也得到了有效的调整。如图 7.4 所示，不难看出，1968—2018 年，法国以石油和煤炭为主的能源消费结构已经发生了明显的转变。其中，石油占比从 1968 年的 57.06% 下降到 2018 年的 32.52%，煤炭占比从 1968 年的 28.42% 下降到 2018 年的 3.46%，下降趋势十分明显。与此同时，天然气、核能的消费份额分别

---

① 刘玲玲：《法国颁新法鼓励绿色交通出行》，http://world.people.com.cn/n1/2020/0121/c1002-31557640.html。

从 1968 年的 4.84%、0.62% 上升至 2018 年的 15.13%、38.54%。由此可见,法国的能源结构已经逐步向清洁化能源的消费转变,这在很大程度上减少了大气污染,推进了雾霾治理的成效。

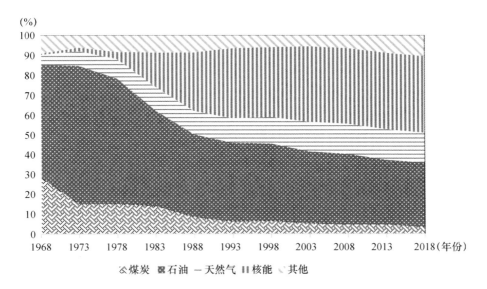

图7.4 法国能源消费结构①

五 日本:末端治理,推进立法严格管制

日本明治维新后,开始大力发展本国工业。当时,在东京、大阪、横滨等大城市,集中了炼铜业、纺织业等大批工厂,随着规模的不断扩大,给当地带来了大量的环境污染。此外,栃木的足尾铜山、茨城的日立矿山等的金属冶炼也在一定程度上加剧了这些城市的空气污染。二战之后,日本集中精力复兴经济,以煤炭和石油为主要能源,大力推动重化工业,经济取得了飞速的发展,成为亚洲最早进入并实现现代化的国家。然而,以工业燃料为主的硫化物大气污染却日益严重,导致许多城市居民的哮喘病大规模蔓延。其中,最骇人听闻的是"四日市哮喘"事件,由于持续时间长、患者数量多、影响后果严重,被列入世界八大公

① 根据 BP 石油公司数据库数据整理而得,http://tools.bp.com/energy-charting-tool。

害事件之一。随后，日本政府逐渐意识到，单纯发展经济而忽略环境保护是万万不行的，因此，从多方面制定了治理措施，大大改善了空气质量。经过了近30年的努力实践，如今的日本已经是闻名世界的环保强国，其先进的治理雾霾措施值得中国学习和借鉴。

（一）加强末端治理，依法治理雾霾

由于日本的雾霾污染主要是企业工厂超标排污，以及汽车尾气排放造成的，因此，日本政府逐渐重视末端治理。对于工业排放污染，政府采用激励与惩罚并用的手段引导企业节能环保。一方面通过补贴、税收优惠及技术指导等方式鼓励企业在环保技术方面的研发，并对设备进行改造升级，如对固定发生源采取安装脱硫脱氮的装置；另一方面严厉惩罚污染排放超标的企业，甚至下令停产或转产。对于汽车尾气治理，政府出台了一系列法律法规限制车辆以及汽车排放，并严格执行。如《煤尘排放规制法》（1962）、《公害对策基本法》（1967）、《大气污染防治法》（1968）、《汽车氮氧化物法》（1992）等，并且还借鉴美国的马斯基法，对汽车尾气排放加以限制。这些末端治理的措施对缓解雾霾天气起到了十分有效的作用。

（二）建立受害者补偿与救济制度，完善民间诉讼制度

日本政府建立了一套独特的补偿与救济制度，在雾霾治理的过程中起到了不可或缺的重要作用。如出台的《公害健康损害补偿法》和《救济公害健康受害者特别措施法》中都提出，对遭受雾霾及其他环境污染侵害的受害者实施补偿和医疗救济。而相关的补偿费用就是以污染税的形式向排放污染的企业征收。此外，日本政府还向私家车车主征收一定的汽车重量税，把所得税款以"公害保健福利费"的形式，拨付给遭受雾霾及其他污染的地方政府，为受害者建设医院，并为其支付医疗补偿金。截至2014年底，日本领取补偿金的患者多达近4万人。除此之外，日本非常重视对民间公害诉讼制度的完善。最值得一提的就是，以"四日市公害"案件为代表的"四大公害病"诉讼的最终结果都是原告方也就是受害者获得了胜诉。完善的民间诉讼制度不仅仅保障了日本民众的权利与利益，更是给政府以及企业带来深刻的警醒，不能再走"先污染后治理"的老路，有效地推进了日本环境保护以及雾霾天气治理的进程。

（三）建立新能源基金，优化能源结构

导致日本雾霾污染的另一大原因在于能源消费结构不合理，因此，只有改变和优化能源结构，才能从根本上治理雾霾污染。日本开始重视新能源与清洁能源的发展，并建立了新能源基金，专门为新能源技术的研发提供资金和政策支持。此外，在经历了多次严重的石油危机后，日本逐渐减少对石油的依赖，转向对核能的开发和利用，如建立专业的核能研究所负责核能的研发工作，并通过财政手段对其提供多方面的支持和激励。此外，为了鼓励发展天然气，政府不仅为天然气公司提供信贷等政策支持，还通过气价优惠的方式推广天然气空调。

经过数十年的努力，日本的能源消费结构变化显著。如图 7.5 所示，石油的消费占比下降十分明显，从 1968 年的 64.97% 下降到了 2018 年的40.16%。煤炭的消费在近 50 年较为稳定，只有略微下降，从 26.94% 降至 25.87%。但天然气与核能消费增长迅猛。1968 年，天然气消费份额仅占 0.8%，到了 2018 年上升至 21.9%。核能消费占比从 1968 年的 0.1%，到 2008 年的 11%。尽管自 2011 年的核泄漏事件之后，核能的消费占比有所下降，到 2018 年降至 2.4%。但其他能源消费中还包含了大量的清洁能源，占比也不断上升。可见，日本的能源结构已经实现了用天然气、核能及其他能源取代石油，并逐步向清洁化能源的消费转变。

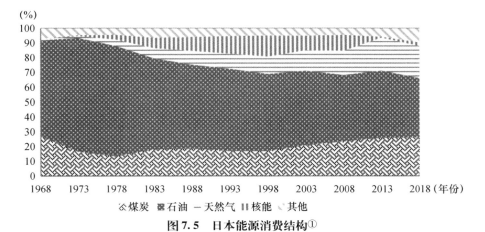

图 7.5　日本能源消费结构①

---

① 根据 BP 石油公司数据库数据整理而得，http：//tools. bp. com/energy – charting – tool。

第二节　国外经验对中国的启示

上述发达国家治理雾霾的经验充分说明，雾霾污染并非只是中国独有，世界上许多发达国家在经济飞速增长的时期也都遭遇过不同程度的雾霾污染。显然，"先发展、后治理"的道路是行不通的。只有转变经济发展方式，走可持续发展的道路，才可以有效解决污染问题，同时也不影响经济的协调发展，才能实现"既要金山银山，又要绿水青山"的美好愿望。这些治理措施总结来看，主要包括：建立健全法律法规、调整能源结构、大力推进科技创新、积极发展环保产业、鼓励全员参与治理雾霾等等。

值得说明的是，雾霾治理绝不是一朝一夕的事情。综观以上发达国家雾霾治理的历程和经验可以发现，国外发达国家从遭受到雾霾污染而痛下决心治理，到取得较好的治理效果，通常都需要数十年甚至更长的时间。为此，国外政府均把雾霾治理作为一项长期的任务，根据不同发展阶段的污染源和产生的问题，有针对性地制定方案，并持之以恒地不断推动。因此，中国也应该将雾霾治理作为一项长期而艰巨的系统性工程，不仅要制定一个长期的治理战略，还应该分阶段地推动治理工作的开展。在治理过程中，要建立起一套多元化的环境治理体系，各个主体积极配合，共同参与，持续努力，这样才能够打赢污染防治攻坚战，取得最终的胜利。

第三节　政策建议

通过前文中中国雾霾污染影响因素的分析，结合上节国外发达国家治理雾霾的经验借鉴，本节最后提出中国城市雾霾治理的对策建议，期望对政策制定部门有一定的参考价值。

一　多区域联动治理，制定差异化减排政策

中国幅员辽阔，各地区在自然环境条件、经济基础、能源消费和资

源禀赋等方面存在极大差异，雾霾污染的程度也相去甚远。例如，河北的雾霾要比海南严重得多。因此，各地区空气质量的差别很大程度上影响和决定了各自的减排紧要性不同，需要制定的治理雾霾政策也不一样。但是，这绝不意味着各个地区的政府应当各自为政。由前文可知，雾霾污染存在较强的流动性和显著的空间溢出效应，并会通过大气环流、产业转移、工业集聚等因素扩散或转移到邻近地区，因此，要想解决雾霾污染问题，改善空气质量，中央政府必须牵头做好顶层设计，合理统筹规划。主要包括两个方面：一是要建立多区域联动治理，加强区域的联防联控；二是根据各地区实际污染状况，制定差异化的治理雾霾政策。地方政府则必须打破"一亩三分地"的施政理念①，共同配合，全面支持中央做好治理雾霾治理工作。

（一）多区域联动治理

从前文的研究可知，雾霾具有显著的空间正相关性，这决定了中国的雾霾治理必须加强区域的联防联控。北京奥运会、APEC 会议、上海世博会等重大活动的空气质量保障工作的成功经验也充分证明，实施统一规划、统一检测、统一监管、统一评估、统一协调的区域大气污染联防联控工作机制是改善区域空气质量的有效途径。② 然而，应对重大事件的大气污染治理模式具有暂时性和区域性，无法真正解决如此复杂的大气污染问题。所以，应该在此成功经验的基础上，建立包括国家层—城市群层—城市层三个级别的立体管理机构和管理体系。自上而下实施加强组织领导、分解落实责任、严格考核问责、完善法规体系、创新经济政策和强化科技支撑等纵向管理机制；探索跨区域的环境污染补偿机制。明确定位大气污染排放主体和受害客体，完善补偿标准与补偿方式，建立信息化补偿平台。以京津冀地区为例，由于雾霾的流动性和溢出效应，河北地区的雾霾污染容易扩散到周边的北京和天津。尽管河北省的第二产业比重高，能源消费大，造成的雾霾污染更严重，但其经济发展落后

---

　　① 马喜立：《大气污染治理对经济影响的 CGE 模型分析》，博士学位论文，对外经济贸易大学，2017 年。

　　② 熊欢欢、梁龙武、曾赠等：《中国城市 PM2.5 时空分布的动态比较分析》，《资源科学》2017 年第 1 期。

于北京和天津，导致河北地区的减排边际成本可能低于二者。因此，需要京津冀地区通过利益共享和区域补偿机制联合执政，即区域内各政府能打破属地治理界限，达成利益共识①，共同规划和实施环境治理方案，实现区域内部个体的经济成本最小化、经济损失最低化，共享治理成果。

（二）制定差异化减排政策

前文中提到，由于各地区间雾霾的成因和污染程度不同，经济发展水平也存在区域差异，因而在治理雾霾时，不能搞"一刀切"，只有针对性地制定和完善治理雾霾政策，才能提高治理的效率和效果。本部分结合前文中国城市雾霾的时空差异分析，分别从东部、中部、西部及东北地区的视角，探讨各地区差异化的政策制定。

1. 东部地区政策建议

由第三章分析可知，中国东部地区雾霾污染比较严重，仅次于中部地区。主要的原因可能在于东部地区经济比较发达，城市人口密度大，汽车等交通工具尾气排放量高，对城市大气系统造成污染。此外，京津冀地区集中供暖使用的原煤燃烧也是雾霾污染的一大"元凶"。部分省份如河北省第二产业占比较大，在工业生产过程中，以原煤、石油等能源为主，燃烧使用过程中会释放出大量氮氧化物，加剧了城市雾霾污染。针对上述问题及原因，东部地区一是要加快工业绿色转型，着力发展环保产业，加大对科学技术的投入，通过创新驱动发展。对于现有的第二产业，要规范企业实施清洁生产，采用更加环保的设备进行生产，并用绿色可再生能源逐步替代现有的原煤和石油。政府可与环保协会及汽车等行业协会共同制定更符合当前生态发展的环保标准，倒逼汽车等生产厂家引入更先进的汽车尾气处理技术，同时要对交通工具使用的动力能源进行严格把关，提高汽油品质。二是东部地区经济发展水平更高，高层次人才聚集更广泛，科研力量比中西部地区更加雄厚，因而东部地区应起领先示范的作用，如通过建立雾霾污染示范区，对各种雾霾治理措施进行实验，将方案和成果在其他地区大面积推广，从而加快全国的雾

---

① 王洛忠、丁颖：《京津冀雾霾合作治理困境及其解决途径》，《中共中央党校学报》2016年第3期。

霾污染治理进程。三是东部地区市场经济发展较为完善，可建立排污权交易体系，利用"无形的手"即市场机制进行雾霾治理。四是要提高外商直接投资的准入门槛，只有符合环保标准的才允许其进入市场①，并通过激励手段发挥其技术溢出效应。五是基于东部地区人口城镇化程度较高，应该充分发挥公众的力量，鼓励其积极参与到雾霾治理中，并通过电视、网络、报纸、杂志等各种渠道和媒介提高公众的环保意识。此外，逐步构建长效的激励机制，充分发挥东部产业在省际的正向传导和激励作用。

2. 中部地区政策建议

通过第三、第四章的分析可知，中部地区城市雾霾最为严重，且多极分化现象显著，地区差异仍在不断加大，因此，雾霾治理刻不容缓。造成中部地区城市雾霾的主要原因在于，近年来东部地区进行产业结构升级调整，导致中部地区承载了大量来自东部的落后产能，相应地也承接了污染；此外，中部地区西边是生态脆弱的高原荒漠，每年西北季风的移动会带来大量沙尘，也易造成雾霾。因此，中部地区在吸纳来自东部地区的投资时，需要对产业进行严格的甄别，对企业转移前的表现要仔细评估，尤其是这些企业在原来生产地的污染排放情况、生产经营方式都要纳入考核范围；对于高污染、高能耗的企业要谨慎接纳②，接受之前必须对其污染处理能力进行严格的评估，只有符合标准的企业才能投产，杜绝以牺牲生态环境为代价来换取经济增长。同时，地方政府应加快淘汰落后产能，积极推动绿色环保产业体系的构建与兴起，加强激励机制，如通过鼓励政策及优惠补贴等多种手段，进一步加大对企业技术创新与应用的扶持力度，而对高污染高排放的企业实施差别信贷、差别水价电价等惩罚。最后，中部地区还应加强基础设施建设，同时加快新

---

① 戴宏伟、回莹：《京津冀雾霾污染与产业结构、城镇化水平的空间效应研究》，《经济理论与经济管理》2019 年第 5 期。
② 李根生、韩民春：《财政分权、空间外溢与中国城市雾霾污染：机理与证据》，《当代财经》2015 年第 6 期。

型城镇化的进程，不断改善和优化人居环境。①

3. 西部地区政策建议

西部地区城市人口密度较小，工业发展水平相对较低，因而受工业污染程度较轻，空气质量在四大区域中表现最好，雾霾主要是由于自然因素形成的，如沙尘天气使得空气中颗粒物含量激增。因此，西部地区在治理雾霾污染时，首先要注重对本地区生态环境的保护，加强基础环境建设与治理。尤其要重视防沙固土作业，通过建设生态林等减少沙尘污染。其次，随着西部大开发计划的实施与推进，要树立风险防范意识，对邻近地区产业转移而带来的雾霾风险进行监控。最后，鼓励发展新能源。由于西部地区太阳能、风能、地热能等清洁能源丰富，因此，应通过提高清洁能源的利用率减少对能源的消费，并在满足自身需求量的同时，向东部、中部和东北地区进行清洁能源的输送，减少因煤炭等能源使用带来的大气污染。②

4. 东北地区政策建议

东北地区雾霾形成的主要原因在于秋冬季节大量使用燃煤集中供暖。自然资源保护协会（NRDC）发布的《煤炭使用对中国大气污染的贡献》指出，煤炭对 PM2.5 年均浓度贡献约 60%，六成源于直接燃烧。③ 此外，焚烧秸秆，加上城市静稳天气等多重因素相互叠加，共同导致了严重的大气污染。针对上述情况，东北地区的雾霾治理要尽快从以下方面入手：一方面，政府要加强燃煤企业污染排放的监管，对于超标排放的企业要严加惩治，如增收排污费，限制贷款及融资渠道，甚至关停整改；另一方面，企业要采用脱硫脱硝技术对煤炭进行处理，并且在燃烧过程中要保证煤炭的充分燃烧，燃烧之后的烟尘也要严格按照污染物排放标准进行处理。对于农民自主焚烧秸秆，政府可对秸秆的回收利用方案先进行

① 张明、李曼：《经济增长和环境规制对雾霾的区际影响差异》，《中国人口·资源与环境》2017 年第 9 期。

② 戴小文、唐宏、朱琳：《城市雾霾治理实证研究——以成都市为例》，《财经科学》2016年第 2 期。

③ 中国投资咨询网：《煤炭对 PM2.5 年均浓度贡献约 60%　六成源于直接燃烧》，http：//www. ocn. com. cn/info/201410/nianjun211350. shtml。

试点，试点后确定秸秆的综合利用方案，形成有效的配套制度。政府要协调好资源，对进行秸秆处理的企业予以支持；同时完善秸秆利用的政企、农企对接，通过行政规划帮助生物质能源企业或相关秸秆处理企业统一回收秸秆，让农民能从秸秆回收中获益，并对秸秆形成产业链处理；此外，要利用行政手段及法律手段，对私自焚烧秸秆的行为进行严厉治理。

二　加快绿色经济发展，加快产业结构优化升级

中国雾霾天气的形成有很多原因，除了自然因素之外，归根结底在于粗放的经济发展方式和失衡的产业结构。因此，治理雾霾不仅仅是一项重大的民生工程，也是倒逼经济发展方式转变和经济结构优化调整的重要途径[①]。党的十九大明确提出，要着力解决中国环境问题，持续实施大气污染防治行动，打赢蓝天保卫战，推进绿色发展。绿色发展作为中国新时期发展的重要理念，不仅是中国实现可持续发展的核心目标，更是中国解决雾霾问题的根本路径。绿色发展的核心就在于调整中国的产业结构，促进传统产业优化升级。从当前来看，中国的产业发展主要处于工业化阶段。而第二产业相比其他产业，带来的空气污染要严重得多。据统计，重工业的单位产出能耗和由此带来的雾霾污染是服务业的9倍[②]。

因此，中国在治理雾霾时，首先要制定长期产业结构调整规划，逐步推进产业结构优化升级，降低重工业在国民经济中的比重。对于发达城市和地区，应提高污染产业的准入门槛，增加审批难度，并利用已有的技术和资金环境，发挥其对邻近地区良好的辐射示范作用，同时大力发展低能耗、低污染、高产出值的高端制造业，以及节能环保和清洁能源产业。对于欠发达地区，可通过集中建立产业园和工业园区的方式，加强对污染排放的管理和控制。值得注意的是，跨地区产业转移路径选

---

① 邵帅、李欣、曹建华等：《中国雾霾污染治理的经济政策选择——基于空间溢出效应的视角》，《经济研究》2016 年第 9 期。

② 马骏、李治国等：《PM2.5 减排的经济政策》，中国经济出版社 2014 年版。

择会影响雾霾的区域治理和联防联控的效果，因而政府在进行顶层设计时，对于产业在区域内和区域间的转移和结构调整要进行合理规划。

其次，要出台法律法规和政策，引导企业转型升级。例如，政府可通过制定各种税收优惠和补贴政策，推动企业技术创新，加大研发投入，降低单位能耗和污染排放。同时，出台一系列法律法规，对过剩的产能进行适当合理的压缩，对落后产能要加快淘汰，对违反要求的企业严加惩罚，从而倒逼企业转型升级。此外，还可以发挥行业协会的作用。对于钢铁、石化、有色金属等高污染产业，要建立不同的行业准则。行业协会应该对不同的污染物制定专门的排放标准和要求，并联合专业的环境检测部门、高校及科研院所，公开发布雾霾及其他污染物的排放数据，利用媒体和互联网平台，对成功调整升级、排污达标的企业进行表扬，同时曝光那些超标排放的企业名单，倒逼企业改革升级。

最后，通过技术发展带动产业结构调整，发挥对雾霾的减排作用。一方面，要促成产学研结合机制，加快科技成果市场化、产业化的进程，不断完善科技成果转化和收益分配机制，形成多层次、多元化的科技创新投融资模式；另一方面，可设立专项资金，用于企业环保项目的技术研发，帮助企业降低创新成本，鼓励企业进行前沿性的创新研究。还需注意的是，在技术发展过程中必然需要配套的人才来加快技术落地的进程，因此，要高度重视与行业适应的职业人才的培养，不断完善职业教育体系，促进产业结构和劳动力结构的协调发展与配置，使现代人才的培养适应产业结构的变化。

三 优化能源结构，大力推动科技创新

中国严重的雾霾污染在很大程度上归结于不合理的能源消费结构。因此，在雾霾治理的过程中，优化能源结构、降低煤炭消费占比是最为有效的方式。这也是英国、美国、德国和日本成功治理雾霾的宝贵经验之一。然而，煤炭在中国一直占据绝对主导地位。如图 7.6 所示，1968年中国煤炭消费占当年主要能源消费的 83.2%，这是一个极高的比例。尽管近年来中国在不断调整能源结构，但是煤炭消费份额仍然居高不下，2018 年仍高达 58.23%，远超同时期的英国（3.93%）、美国（13.78%）、

德国（20.50%）和日本（25.87%）。因此，削减煤炭消费份额、优化能源结构是治理雾霾的根本出路。

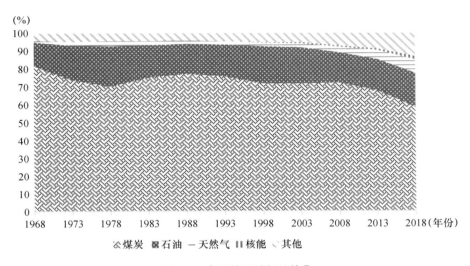

图 7.6　中国能源消耗结构①

　　首先，出台能源结构调整政策，促进能源体制改革。一是制定能源消费上限。通过制定中国各种能源特别是稀缺能源 1 年内的消费总量，实现能源总量的控制。② 二是将总目标进行分解。根据不同地区发展水平以及能源利用率的不同，限制河北、山西等地区高碳能源的消费总量，并通过以电代煤和以电代油的方式，进一步大力推进非碳和低碳能源的发展。三是出台相应的超标处罚办法，完善追究机制。对使用能源量超过规定上限的地区，采取相应的节能举措进行改革，并且对当地政府的绩效考核实施扣分处理。四是创新能源市场机制。创造和利用各种优惠条件吸引民营资本的投资，促进能源投资主体多元化。同时，积极发挥中国碳交易市场的配置职能与作用，制定与完善碳排放权配额分配方案，健全与完善碳定价制度，促进环境污染成本内在化和倒逼能源低

---

　　① 根据 BP 石油公司数据库数据整理而得，http：//tools. bp. com/energy – charting – tool。
　　② 熊欢欢、阮涵淇：《雾霾天气治理的生态文明建设路径选择》，《企业经济》2016 年第 8 期。

碳化转型。[①]

其次，大力发展新能源。中国清洁能源十分丰富，包括水能、风能、太阳能等，储藏量大，不但为中国在长久的将来减少对煤炭的依赖提供了有利的基础和支持，而且有助于减少经济发展对城市空气的影响，有效降低发展的资源环境代价，实现经济建设和生态建设的和谐发展。然而，由于中国环境监管力度不够，企业排污处罚太轻等各种原因，目前中国清洁能源的消费占比不高，离国外发达国家的差距依然较大。因此，中国应该加大新能源技术创新的扶持力度，如增加财政补贴，出台配套措施，设立专项基金等；同时加强新能源的国际合作，为清洁能源和新能源发展提供更好的生存环境，进一步解决中国的雾霾污染问题。此外，扩大新能源汽车的供给和消费，推动机动车减排。一方面，通过增加补贴和优惠政策引导和鼓励企业研发、生产节能环保的新能源汽车。同时，通过政府部门和事业单位对新能源汽车的使用，发挥新能源汽车在公共服务领域的推动作用。另一方面，对新能源汽车给予更多的税收优惠或补贴，鼓励公众购买节能减排的新能源汽车。

最后，推动科技创新。科学技术是第一生产力，也是治理雾霾污染的最根本途径。美国等国外发达国家都通过科学技术缓解了雾霾天气，改善了大气质量。因此，对于雾霾的治理，科学的监测、预警和治理显得尤为重要。在雾霾治理与大气环境保护问题上，各气候、气象领域的专家、学者应加强对于雾霾产生原因与治理措施的研究和探讨。同时，中国要加大与雾霾污染有关的科研投入力度，积极鼓励高等院校、科学研究院和环保企业等共同研发污染监测与节能减排的设备和技术，一方面要提高单位能源的效率和效用，另一方面要通过除尘、脱硝、脱硫控制和减少污染物的排放，从而实现科学监测、科学分析、科学预警和科学治理。此外，在对雾霾污染进行联防联控和联防联治的过程中，政府要加强资源的协调配合，大力推动能源低碳化的技术研发，如利用分布式能源、能源互联网、储能技术等低碳能源

---

① 陈诗一、张云、武英涛：《区域雾霾联防联控治理的现实困境与政策优化——雾霾差异化成因视角下的方案改进》，《中共中央党校学报》2018 年第 6 期。

技术引领能源革命①，充分发挥科技创新产生的能源节约效应和技术外溢效应促进雾霾的减排。

四　加强外资监管，积极引进国外先进技术

治理雾霾污染，还需要政府加强对外商投资的监管力度。众所周知，对外开放对中国经济发展和生态环境都具有深远的影响，从前文的空间面板平滑转移回归模型中发现，在不同的经济发展水平下，对外开放对雾霾污染呈现显著的门槛效应。因此，提高外资环境准入门槛，合理有效利用外资，并加强外资监管，是促进雾霾减排的重要途径。

第一，中国在引进外资时，必须严格把控环境质量，时刻警惕外商投资可能带来的雾霾污染，坚决杜绝以"绿水青山"换取"金山银山"。一方面，要逐步提高外资环境准入门槛，对于高污染高排放的外资企业和项目，坚决拒绝其在中国投资生产。对有可能产生雾霾污染和环境破坏的外资引入时，需保持谨慎，必须要求投资方提供由专业机构出具的环境影响测评报告，以及可执行的污染防治计划，并由环保部门持续监测其排污情况，一旦发现超标排放，对该企业进行严格的处罚，甚至关停。另一方面，地方政府在吸引外资时，应该通过优惠政策吸引那些拥有高技术含量并且节能环保的新兴产业，以及金融、专业服务等生产性服务产业。

第二，对于那些已经在中国投资生产的外资企业，特别是高能耗产业，必须严格加强监管。一方面，建立并积极落实外商投资负面清单制度。根据外资企业的所处行业、环境规制强度和污染排放程度等因素，对外资企业进行分类，不同的类别采用差异化的税率、核准程序以及监管要求，从而达到强化管理的目的；另一方面，对于那些不响应国家淘汰落后产能号召的外资企业，降低甚至取缔对其的优惠政策，并根据它们在全球其他国家的环境表现持续更新外资负面清单，实现动态管理。

第三，合理有效地利用外商投资，促进中国节能减排的发展和环境

---

① 陈诗一、张云、武英涛：《区域雾霾联防联控治理的现实困境与政策优化——雾霾差异化成因视角下的方案改进》，《中共中央党校学报》2018 年第 6 期。

质量的提升，积极引进并大力吸收国外先进的节能减排技术，助推中国技术和工艺的换代升级，促进绿色贸易体系的建立。与此同时，不断提高中国能源低碳化以及节能减排的技术研发，通过自主创新，提升清洁技术与能源使用效率，强化 FDI 的技术效应，切实有效地促进雾霾污染的减排。

五　完善雾霾防治法律法规，加大执法力度

完备的立法是雾霾治理的坚实基础。纵观上述发达国家雾霾治理的历程和经验可以发现，强有力的法律法规以及严格的执法尤为重要，是最直接最有效的手段，不可或缺。针对雾霾污染，中国在国家层面相继出台了一系列法律法规与环境政策，如 2012 年《重点区域大气污染防治"十二五"规划》、2013 年《大气污染防治十条措施》、《大气污染防治行动计划》、2015 年新实施的《中华人民共和国环境保护法》、2016 年新实施的《中华人民共和国大气污染防治法》等。其中，《大气污染防治行动计划》由国务院发布，不仅关注污染减排目标，还将其与高级官员的绩效考核联系在一起，并且在产业结构升级、加快能源结构调整、提高技术创新能力等多方面提出了具体行动计划，因此被视为中国环境管理史上以及大气污染治理史上重要的里程碑。在区域层面，中国部分地区也积极制定了相关的政策规定。例如《京津冀及周边地区大气污染防治行动计划实施细则》《北京市 2013—2017 年清洁空气行动计划》《河北省大气污染防治行动计划实施细则》《南京市大气污染防治条例》等。这些法律法规的制定对雾霾治理起到了较好的约束作用，环境监管等工作取得了一定的进展。但是，一方面，联防联控法律制度还有待完善。例如，上述法律法规关于各级政府部门在雾霾治理区域合作中的权责分配，尚缺乏明确的可操作性规定，导致跨区域的管理机构的法律权威得不到保障。此外，各地区协调制度标准以及统一行动要求方面仍然存在一些不完善的地方。以长三角为例，上海关于雾霾治理的对象主要是 PM2.5，并且提出的标准相对于周边地区更高；而安徽的雾霾治理对象仅仅为 PM10。显然，当联防联控治理区域中不同地区的标准有差异时，势必会削弱整体治理的效果。另一方面，各地区在实施法律法规的过程中，往

往出现监督和考核机制不健全、处罚力度偏轻等诸多问题，严重制约了雾霾污染的治理效果。个别地方环境质量监测弄虚作假，部分重点企业排污信息公开不及时、不准确，甚至顶风非法排污的现象还时有发生。究其原因，主要在于执法不严。

针对上述问题，中国一是要完善雾霾防治法律法规，尤其是联防联控法律制度。尽快对雾霾污染的区域合作机制做出明确具体的规定，包括机构的职权设置、权责分配以及具体协作的内容等。与此同时，可参考和借鉴国外发达国家制定的区域大气污染协同治理制度，提高区域实施相关法律法规的约束力、强制力，并保持区域内部较强的整体性。二是要加大监管者的执法力度。监管部门不仅要加强日常监管，还应做到全过程监管，严格遵照法律法规的要求，持续加大对污染环境行为的惩治力度，提高企业违法成本，同时要健全和完善环境监管过程中的问责机制，把各项法律法规落到实处。因此，完善立法、严格执法是雾霾治理过程中不可或缺的一环。

六　发挥多元共治，建立长效机制

应将雾霾治理作为一项长期而艰巨的系统性工程，形成并推进多元共治格局，建立雾霾治理的长效机制，保障治理成果的可持续性，这是有效解决雾霾问题的重大关键保障。具体如下：

第一，组织全民参与雾霾治理。治理雾霾不能只依靠政府，每个人都必须担负起保护环境的责任。应当强化公众的可持续发展意识，引导其树立"同呼吸共奋斗"的行为准则，加强生态文明建设宣传教育，通过电视、网络、报纸、杂志等各种渠道和媒介告知公众雾霾的危害和如何防治雾霾，并积极参与具体的行动。企业作为空气污染的主要缔造者，在生产过程中必须转变自身的经营目标和经营思想，将原来的末端治理模式转向清洁的生产方式。社会公众作为消费主体，每个人都应大力推行节约型消费，优先采购节能、节水和低污染的绿色产品。同时，减少对一次性、不可回收产品的使用，在全社会形成绿色消费风尚。为了减少城市的尾气污染，公众应该自发地减少开车出行的次数，用公共交通工具或者是步行代替私家车，尽可能地绿色出行。每一个社会公众应该从自己做起，不断自我约束，并参与雾霾治理的社会监督，为环境改善和生态保护贡献力量。

第二，设立专门的常态管理机构。例如，设立国家大气污染防治委员会、负责制定总体防治目标与政策、统筹预算管理、落实监督考核等，地方政府参照设立常态管理的雾霾防治委员会。对于长三角、京津冀等重点地区，还要设立专门的区域协调委员会，负责协调环境政策的实施，协调区域内因联防联控产生的纠纷，建立区域内的平衡机制和生态补偿制度，制定和完善付费机制，落实区域间雾霾污染的协同治理。此外，上述雾霾污染防治委员会及区域协调委员会应当加入一定比例的专家顾问、环保组织、媒体和社会公众。这样不仅可以实现治理进程的公开透明化，而且有助于实现治理行为的监督，并充分调动了多方主体参与雾霾治理的积极性。

第三，落实构建雾霾信息共享平台计划。一是全面建设建成 PM2.5 监测系统，针对城市间不同的空气标准，构建差异化的预警信号体系。建设空气质量监测系统是雾霾治理的一项十分重要的基础性工作，只有科学监测、科学预警，才能更好地科学治理雾霾。二是构建专业化的网络平台，除了发布空气质量信息以外，还要公开重点企业排污情况与雾霾治理信息，在信息发布标准、时效及流程等各方面加强规范，并通过社会监督实现治理效果公开化。三是搭建信息共享平台，在实现气象和环境监测数据共享的基础上，支持进行空气质量发展趋势联合研究①，促进雾霾信息在区域内以及区域间自由共享，达到联防联控的目标要求。

第四节　本章小结

本章重点介绍了英国、美国、德国、法国和日本这些发达国家治理雾霾的成果经验，并在此基础上，结合前文的研究分析，提出了适合中国城市雾霾治理与社会经济协调发展的对策，具体包括：多区域联动治

---

① 陈诗一、张云、武英涛：《区域雾霾联防联控治理的现实困境与政策优化——雾霾差异化成因视角下的方案改进》，《中共中央党校学报》2018 年第 6 期。

理，制定差异化减排政策；加快绿色经济发展，加快产业结构优化升级；优化能源结构，大力推动科技创新；加强外资监管，积极引进国外先进技术；完善雾霾防治法律法规，加大执法力度；发挥多元共治，建立长效机制。

第 八 章

结论与展望

　　本书是在新时代生态文明建设的大背景下提出的，尽管国内外对城市雾霾的研究已经积累了丰富的素材和研究案例，但大多是从气象学、环境学和生态科学的角度。从经济学的视角研究雾霾的形成根源与治理机制的研究还不够深入，仍然缺乏机理的深层次研究。本书以中国225个地级及以上城市为研究对象，基于1998—2016年遥感反演PM2.5和2014年站点监测PM2.5数据，采用分类统计法、线性趋势法、Kernel密度估计法、探索性空间数据分析、Dagum基尼系数分解方法、标准差椭圆法与普通面板模型、空间杜宾模型（SDM）和空间面板平滑转移回归模型（ARAR-STAR）等分析了中国城市雾霾的时空差异与动态演进，并基于构建的"驱动力—压力—状态—响应"的DPSR理论模型框架，深入分析了社会经济因素对雾霾污染的影响机理，进一步地，基于空间视角和门槛效应，对中国城市雾霾的影响因素进行了全面考察与深入分析。

　　从研究数据来看，本书采用长时间序列的遥感反演PM2.5数据结合站点监测PM2.5数据进行研究，在揭示中国城市雾霾的时间演变规律上，更加精细地分析雾霾的时间变化趋势，而对于城市雾霾的影响因素研究，有利于消除时间波动对研究结果的影响，使得结果更加稳定。从研究区域来看，本书基于东部、中部、西部、东北地区四大区域视角，分别从时间与空间维度分析中国城市雾霾污染的差异问题与动态演变过程，不仅有助于较准确地把握中国雾霾的时空格局，还有助于探寻中国雾霾污染的演变规律和治理效果，为制定针对性的政策建议提供有效的依据和参考。为了探索社会经济发展与城市雾霾的空间关系，本书利用STIR-

PAT 模型和环境库兹涅茨假说建立了空间面板杜宾模型,对雾霾的关键因素进行了实证检验。为了进一步分析社会经济因素对雾霾的非线性影响,本书构建了一个既有空间自回归又有空间误差的面板平滑转移模型,刻画了在空间作用下经济发展水平、人口密度、产业结构高级化、能源消耗、科技创新和对外开放等因素对城市雾霾的非线性门槛效应,从而更准确地识别雾霾污染的经济根源与关键因素,为政府出台有效的治理雾霾政策提供理论和实践上的支持。

第一节　主要结论

(1)中国城市雾霾呈现"冬高夏低、春秋居中"的变化规律,PM2.5浓度在研究期间整体呈波动变化的趋势,且波动程度表现为先增大后缩小,尽管近几年污染程度有所改善,但仍超出标准水平,雾霾治理不够充分。

1998—2016 年中国城市 PM2.5 浓度平均值为 35.15μg/m³,主要在10—35μg/m³,整体呈现波动变化的态势,且波动程度表现为先增大后缩小。其中,中部地区 PM2.5 年均值最高,雾霾污染最为严重,东部地区紧随其后,西部地区的空气质量最好。2008—2016 年,由于国家加大对中东部地区的治理雾霾力度,雾霾浓度的上升速率开始下降。但在此期间中国城市 PM2.5 浓度最低值为 22.86μg/m³,仍超出世界卫生组织建议的水平。由此可见,中国的雾霾治理还不够完善,与公众的期待效果仍有一定差距。

需要说明的是,鉴于数据的可获得性,城市雾霾时空演进分析中的研究期间是 1998—2016 年,这正好是中国雾霾污染出现到频发的一段严重时期。值得一提的是,从 2016 年开始,中国开启了一场史上最严厉的环保风暴。中央环保督察涉及面广,力度大,执法严,速度快,仅两年时间,已经实现对全国 31 个省份的全覆盖。2016—2018 年,中国空气质量明显好转。2018 年全国 338 个地级及以上城市 PM2.5 浓度为 39μg/m³,比 2013 年下降 30.36%。可见,中国的雾霾治理当前已取得初步成效,总体情况有所改善。

（2）中国城市雾霾在时间的动态演进中，呈现显著的多极分化现象，区域差异明显。

从全国层面来看，核密度曲线分布经历了"单峰—多峰"的演变历程，即出现了多级分化的现象。主峰峰值先下降后上升，表明 PM2.5 浓度的地区差异呈现先缩小后扩大的态势。核密度曲线的中心先向右移动后向左移动，这说明中国城市的空气质量呈现先恶化再逐渐改善的趋势。分地区来看，东部、中部、西部及东北地区的城市 PM2.5 浓度均呈现先升高后降低的趋势，与此同时，东部和中部地区多极分化现象比较严重，地区差异不断加大。西部和东北地区多级分化现象逐渐消失，地区差异在不断减小。

（3）中国城市雾霾在空间上具有显著的集聚性，区域分布不平衡，污染范围正在缩小。

从空间分布来看，中国雾霾呈现"东南高，西北低"的空间格局，具有显著的区域差异与空间聚集特征，并且随着时间的推移，雾霾污染呈区域化态势愈加明显。雾霾的"热点"区域集中在京津冀、山东半岛、中原等城市群；"冷点"区域主要分布在天山北坡、兰西及呼包鄂榆等城市群；"无特征点"主要包括成渝、辽中南、关中等城市群。总体而言，中国雾霾污染的空间分布在近 19 年来未发生明显变化。

从空间差异来看，中国城市雾霾存在明显的地区差异。总体差异较大，基尼系数为 0.224—0.297，且呈现缓慢扩大的态势。其中，超变密度是导致总体差异的主要来源，其贡献率均值为 46.06%。从地区来看，地区内差异最大的是西部地区，最小的是中部地区，在全国区域内呈现"中—西—东北—东"递减的格局。地区间差异最大的是东部和西部，最小的是西部和东北部。

从空间演化角度来看，中国雾霾的污染重心位于中国大陆几何中心的东侧，偏移方向先向东南后向东北，说明近年来东南地区的污染情况有所好转，而东北地区的情况则有所恶化。此外，雾霾污染的范围正在缩小，这一现象表明中国治理雾霾工作在减少污染范围方面有一定成效。

（4）经济发展水平、人口密度、产业结构高级化、能源消费、科技创新和对外开放对城市雾霾有显著的空间溢出效应。

空间杜宾模型回归结果发现，中国城市雾霾有明显的空间溢出性。本地的雾霾污染显著地受到邻近地区雾霾的影响。从直接效应来看，经济发展显著加剧了本地的雾霾污染。此外，人口密度、能源消费、对外开放对雾霾污染均有显著的正向作用，影响系数分别是 0.361、0.055 和 0.023。产业结构高级化、科技创新能显著地抑制雾霾的排放，影响系数分别是 -0.127 和 -0.016。

从空间杜宾模型的间接效应来看，中国城市经济发展对邻近地区的雾霾污染呈现倒 "U" 形空间溢出性，服从 EKC 假说。此外，邻近地区能源消耗、科技创新与对外开放对本地雾霾污染的影响系数分别为 17.270、-3.881、3.201，反映了邻近地区的社会经济发展对本地雾霾也有显著的空间溢出效应，并且区域间的溢出效应要大于区域内的溢出效应，可见区域间联防联控势在必行。

（5）社会经济因素与城市雾霾之间存在复杂的空间非线性关系。社会经济发展对雾霾污染的减排效应会随着经济发展，在高、低区制之间平滑转换，具有明显的差异。

构建 ARAR-STAR 模型发现，雾霾污染存在 "局部俱乐部集团" 效应。邻近地区的 PM2.5 每增加 1%，将导致本地 PM2.5 增加 0.971%。此外，社会经济因素对雾霾污染存在复杂的空间非线性影响。经济发展水平、产业结构高级化、能源消费、科技创新和对外开放在空间的作用下，对雾霾的减排效应会随着经济发展，在高、低两个区制之间进行平滑转换，呈现复杂的异质性。

（6）"先发展、后治理" 的道路不可取，中国只有走可持续发展道路，才能实现 "既要金山银山，又要绿水青山" 的美好愿望。

雾霾污染并非只是中国独有，"先发展、后治理" 的道路不可取。只有多区域联动治理，制定差异化减排政策；同时，加快绿色经济发展，加快产业结构优化升级；优化能源结构，大力推动科技创新；加强外资监管，积极引进国外先进技术；完善雾霾防治法律法规，加大执法力度；发挥多元共治，建立长效机制，才能实现环境保护与经济增长的协调发展与 "双赢"。

第二节 不足与展望

尽管尽力去完善研究工作，但本研究还存在一些不足，有待今后进一步深入研究和细化，主要包括：

（1）由于目前公布的遥感反演 PM2.5 数据的时期是从 1998—2016 年，而科技创新等控制变量（因统计口径发生变化）只能获取自 2004 年以来的数据，使得实证部分的研究期间只能为 2004—2016 年，这种短面板数据对回归结果可能会造成一定影响。尤其是，1998—2016 年是中国雾霾污染出现到频发的一段严重时期。但从 2016 年开始，中国开启了一场史上最严厉的环保风暴，随后，中国空气质量明显好转。因此，未来将在更新 PM2.5 数据的基础上，再次探究雾霾的时空格局与动态演进，使研究结果和结论更加及时和准确。

（2）在代理变量的选取方面，受限于地级及以上城市层面数据的可得性，没有采用能源结构的数据，而用各市辖区的全年用电总量作为能源消耗的代理变量，可能对回归结果有一些影响。此外，本研究跟大多数学者一样，采用人均 GDP 作为经济增长的代理变量，比较单一，未来可考虑加入卫星监测的夜间灯光数据进行实证检验，使研究结论更稳健。

（3）雾霾的影响因素包括自然因素和社会经济因素，受数据和时间精力的限制，本研究只探讨了社会经济因素对雾霾的影响。此外，社会发展和经济增长对雾霾污染的影响机制和路径具有复杂性，尽管本研究构建了"驱动力—压力—状态—响应"的 DPSR 理论模型框架，深入分析了社会经济因素对雾霾污染的影响机理，然而影响雾霾污染的社会经济因素有很多，本研究无法做到全面考察，这也导致本研究选取的控制变量未必能全面和充分地反映影响雾霾的社会经济因素。比如，没有考虑机动车保有量、交通运输以及政府规制等因素对雾霾的影响。因此，未来有必要加入上述变量以及降水量、风速、气温等自然因素变量，以便更全面地考察城市雾霾污染的影响因素。

（4）本研究构建的空间面板平滑转移回归模型是静态模型。然而，有些经济变量可能存在着较强的持续性，动态空间面板模型可能更加适合。把动态空间面板和非线性平滑转移门槛模型结合起来可以更好地反映出变量之间的复杂关系，但是，这种模型也更加复杂，模型的准确估计需要的数据也更多。未来可以考虑采用贝叶斯估计方法，利用先验分布来提升参数估计的准确性。

参考文献

陈悦、陈超美、胡志刚等：《引文空间分析原理与应用》，科学出版社2014年版。

马骏、李治国等：《PM2.5减排的经济政策》，中国经济出版社2014年版。

邱均平：《信息计量学》，武汉大学出版社2007年版。

叶飞文：《要素投入与中国经济增长》，北京大学出版社2004年版。

余少谦：《宏观经济分析》，中国经济出版社2004年版。

中国气象局：《地面气象观测规范》，气象出版社2003年版。

陈刚强、李郇、许学强：《中国城市人口的空间集聚特征与规律分析》，《地理学报》2008年第10期。

陈亮：《借鉴国际经验探析我国雾霾治理新路径》，《环境保护》2015年第5期。

陈诗一、陈登科：《雾霾污染、政府治理与经济高质量发展》，《经济研究》2018年第2期。

陈诗一、张云、武英涛：《区域雾霾联防联控治理的现实困境与政策优化——雾霾差异化成因视角下的方案改进》，《中共中央党校学报》2018年第6期。

陈世强、张航、齐莹、刘勇：《黄河流域雾霾污染空间溢出效应与影响因素》，《经济地理》2020年第5期。

陈悦、陈超美、刘则渊、胡志刚、王贤文：《CiteSpace知识图谱的方法论功能》，《科学学研究》2015年第2期。

戴宏伟、回莹：《京津冀雾霾污染与产业结构、城镇化水平的空间效应研究》,《经济理论与经济管理》2019 年第 5 期。

戴小文、唐宏、朱琳:《城市雾霾治理实证研究——以成都市为例》,《财经科学》2016 年第 2 期。

戴昭鑫、张云芝、胡云锋等:《基于地面监测数据的 2013~2015 年长三角地区 PM2.5 时空特征》,《长江流域资源与环境》2016 年第 5 期。

邓创、赵珂、杨婉芬:《中国产业结构变动对经济增长的非线性影响机制——基于面板平滑门限回归模型的实证研究》,《数量经济研究》2018 年第 2 期。

东童童、邓世成:《能源消费结构多样化与区域性雾霾污染——来自长江经济带的经验研究》,《消费经济》2019 年第 5 期。

董群、赵普生、王迎春等:《北京山谷风环流特征分析及其对 PM2.5 浓度的影响》,《环境科学》2017 年第 6 期。

杜婷婷、毛锋、罗锐:《中国经济增长与 CO_2 排放演化探析》,《中国人口·资源与环境》2007 年第 2 期。

干春晖、郑若谷、余典范:《中国产业结构变迁对经济增长和波动的影响》,《经济研究》2011 年第 5 期。

黄智淋、成禹同、董志勇:《通货膨胀与经济增长的非线性门限效应——基于面板数据平滑转换回归模型的实证分析》,《南开经济研究》2014 年第 4 期。

姜磊、周海峰、赖志柱等:《中国城市 PM2.5 时空动态变化特征分析 2015—2017 年》,《环境科学学报》2018 年第 10 期。

况明、刘耀彬、熊欢欢:《空间面板平滑转移门槛模型的设定与估计》,《数量经济技术经济》2020 年第 3 期。

李粉、孙祥栋、张亮亮:《产业集聚、技术创新与环境污染:基于中国工业行业面板数据的实证分析》,《技术经济》2017 年第 3 期。

李根生、韩民春:《财政分权、空间外溢与中国城市雾霾污染:机理与证据》,《当代财经》2015 年第 6 期。

李婧、谭清美、白俊红:《中国区域创新生产的空间计量分析——基于静态与动态空间面板模型的实证研究》,《管理世界》2010 年第 7 期。

李名升、张建辉、张殷俊、周磊、李茜、陈远航:《近 10 年中国大气

PM10 污染时空格局演变》,《地理学报》2013 年第 11 期。

李欣、曹建华、孙星:《空间视角下城市化对雾霾污染的影响分析——以长三角区域为例》,《环境经济研究》2017 年第 2 期。

连玉君、王闻达、叶汝财:《Hausman 检验统计量有效性的 Monte Carlo 模拟分析》,《数理统计与管理》2014 年第 5 期。

梁伟、杨明、张延伟:《城镇化率的提升必然加剧雾霾污染吗——兼论城镇化与雾霾污染的空间溢出效应》,《地理研究》2017 年第 10 期。

刘伯龙、袁晓玲、张占军:《城镇化推进对雾霾污染的影响——基于中国省级动态面板数据的经验分析》,《城市发展研究》2015 年第 9 期。

刘海猛、方创琳、黄解军等:《京津冀城市群大气污染的时空特征与影响因素解析》,《地理学报》2018 年第 1 期。

刘华军、何礼伟、杨骞:《中国人口老龄化的空间非均衡及分布动态演进:1989—2011》,《人口研究》2014 年第 2 期。

刘华军、雷名雨:《中国雾霾污染区域协同治理困境及其破解思路》,《中国人口·资源与环境》2018 年第 10 期。

刘华军、裴延峰:《我国雾霾污染的环境库兹涅茨曲线检验》,《统计研究》2017 年第 3 期。

刘华军、赵浩:《中国二氧化碳排放强度的地区差异分析》,《统计研究》2012 年第 6 期。

刘苗苗、赵鑫涯、毕军、马宗伟:《基于 DPSR 模型的区域河流健康综合评价指标体系研究》,《环境科学学报》2019 年第 10 期。

刘耀彬、涂红:《中国新型城市化包容性发展的区域差异影响因素分析》,《地域研究与开发》2015 年第 5 期。

刘耀彬、袁华锡、封亦代:《产业集聚减排效应的空间溢出与门槛特征》,《数理统计与管理》2018 年第 2 期。

龙志和、陈青青、林光平:《面板数据空间误差分量模型的空间相关性检验》,《系统工程理论与实践》2013 年第 1 期。

卢德彬、毛婉柳、杨东阳等:《基于多源遥感数据的中国 PM2.5 变化趋势与影响因素分析》,《长江流域资源与环境》2019 年第 3 期。

卢华、孙华臣:《雾霾污染的空间特征及其与经济增长的关联效应》,《福建论坛》（人文社会科学版）2015 年第 9 期。

马丽梅、张晓：《区域大气污染空间效应及产业结构影响》，《中国人口·资源与环境》2014 年第 7 期。

马丽梅、张晓：《中国雾霾污染的空间效应及经济、能源结构影响》，《中国工业经济》2014 年第 4 期。

穆泉、张世秋：《2013 年 1 月中国大面积雾霾事件直接社会经济损失评估》，《中国环境科学》2013 年第 11 期。

潘慧峰、王鑫、张书宇：《雾霾污染的持续性及空间溢出效应分析——来自京津冀地区的证据》，《中国软科学》2015 年第 12 期。

潘文砚、王宗军：《中国大城市环境效率实证研究》，《城市问题》2014 年第 1 期。

彭磊：《英国环境信息公开法律对我国立法的启示》，《中国地质大学学报》（社会科学版）2013 年第 S1 期。

邱均平、沈莹、宋艳辉：《近十年国内外管理学研究进展与发展趋势的比较研究》，《现代情报》2019 年第 2 期。

任保平、宋文月：《我国城市雾霾天气形成与治理的经济机制探讨》，《西北大学学报》（哲学社会科学版）2014 年第 2 期。

任雪：《长江经济带经济增长对雾霾污染的门槛效应分析》，《统计与决策》2018 年第 20 期。

邵汉华、刘耀彬：《金融发展与碳排放的非线性关系研究——基于面板平滑转换模型的实证检验》，《软科学》2017 年第 5 期。

邵帅、李欣、曹建华等：《中国雾霾污染治理的经济政策选择——基于空间溢出效应的视角》，《经济研究》2016 年第 9 期。

邵帅、杨莉莉、黄涛：《能源回弹效应的理论模型与中国经验》，《经济研究》2013 年第 2 期。

沈丽、鲍建慧：《中国金融发展的分布动态演进：1978—2008 年——基于非参数估计方法的实证研究》，《数量经济技术经济研究》2013 年第 5 期。

宋怡欣：《我国雾霾治理的市场化发展研究——基于碳金融制度的国际法考量》，《价格理论与实践》2014 年第 5 期。

苏屹、林周周：《区域创新活动的空间效应及影响因素研究》，《数量经济技术经济研究》2017 年第 11 期。

孙攀、吴玉鸣、鲍曙明等：《经济增长与雾霾污染治理：空间环境库兹涅茨曲线检验》，《南方经济》2019 年第 12 期。

孙瑞英、王旭：《基于文献计量的国内物联网研究现状分析》，《现代情报》2016 年第 1 期。

陶长琪、杨海文：《空间计量模型选择及其模拟分析》，《统计研究》2014 年第 8 期。

王成勇、艾春荣：《中国经济周期阶段的非线性平滑转换》，《经济研究》2010 年第 3 期。

王泓、周园、杨元建等：《PM2.5 致卵巢癌的风险及城乡差异的生态学研究》，《中国环境科学》2019 年第 1 期。

王洛忠、丁颖：《京津冀雾霾合作治理困境及其解决途径》，《中共中央党校学报》2016 年第 3 期。

王少剑、高爽、陈静：《基于 GWR 模型的中国城市雾霾污染影响因素的空间异质性研究》，《地理研究》2020 年第 3 期。

王兴杰、谢高地、岳书平：《经济增长和人口集聚对城市环境空气质量的影响及区域分异——以第一阶段实施新空气质量标准的 74 个城市为例》，《经济地理》2015 年第 2 期。

王占山、李云婷、陈添等：《2013 年北京市 PM2.5 的时空分布》，《地理学报》2015 年第 1 期。

王振波、方创琳、许光等：《2014 年中国城市 PM2.5 浓度的时空变化规律》，《地理学报》2015 年第 11 期。

魏巍贤、马喜立：《能源结构调整与雾霾治理的最优政策选择》，《中国人口·资源与环境》2015 年第 7 期。

邬晓燕：《德国生态环境治理的经验与启示》，《当代世界与社会主义》2014 年第 4 期。

吴兑：《霾与雾的识别和资料分析处理》，《环境化学》2008 年第 3 期。

吴兑、吴晓京、李菲等：《1951—2005 年中国大陆霾的时空变化》，《气象学报》2010 年第 5 期。

吴玉鸣、田斌：《省域环境库兹涅茨曲线的扩展及其决定因素——空间计量经济学模型实证》，《地理研究》2012 年第 4 期。

向堃、宋德勇：《中国省域 PM2.5 污染的空间实证研究》，《中国人口·资源与环境》2015 年第 9 期。

熊欢欢、邓文涛：《基于 CiteSpace 的雾霾与经济增长关联研究的统计分析》，《统计与决策》2018 年第 12 期。

熊欢欢、梁龙武、曾赠等：《中国城市 PM2.5 时空分布的动态比较分析》，《资源科学》2017 年第 1 期。

熊欢欢、阮涵淇：《雾霾天气治理的生态文明建设路径选择》，《企业经济》2016 年第 8 期。

许和连、邓玉萍：《外商直接投资导致了中国的环境污染吗？——基于中国省际面板数据的空间计量研究》，《管理世界》2012 年第 2 期。

严雅雪、齐绍洲：《外商直接投资与中国雾霾污染》，《统计研究》2017 年第 5 期。

杨奔、林艳：《我国雾霾防治的金融政策研究》，《经济纵横》2015 年第 12 期。

杨冕、王银：《长江经济带 PM2.5 时空特征及影响因素研究》，《中国人口·资源与环境》2017 年第 1 期。

杨嵘、郭欣欣、王杰等：《产业集聚与雾霾污染的门槛效应研究——以我国 73 个 PM2.5 重点监测城市为例》，《科技管理研究》2018 年第 1 期。

杨树旺、刘航、覃志立：《雾霾防治背景下的中国碳排放权交易市场建设研究》，《理论与改革》2015 年第 4 期。

袁晓玲、李朝鹏、方恺：《中国城镇化进程中的空气污染研究回顾与展望》，《经济学动态》2019 年第 5 期。

原毅军、谢荣辉：《环境规制的产业结构调整效应研究：基于中国省际面板数据的实证检验》，《中国工业经济》2014 年第 8 期。

张明、李曼：《经济增长和环境规制对雾霾的区际影响差异》，《中国人口·资源与环境》2017 年第 9 期。

张文静：《大气污染与能源消费、经济增长的关系研究》，《中国人口·资源与环境》2016 年第 2 期。

张小波、王建州：《中国区域能源效率对霾污染的空间效应——基于空间杜宾模型的实证分析》，《中国环境科学》2019 年第 4 期。

张小曳、孙俊英、王亚强等：《我国雾霾成因及其治理的思考》，《科学通报》2013 年第 13 期。

张殷俊、陈曦、谢高地等：《中国细颗粒物（PM2.5）污染状况和空间分布》，《资源科学》2015 年第 7 期。

赵玉、刘耀彬、严武：《国际市场冲击下中国有色金属市场波动效应——一个空间经济的视角》，《软科学》2015 年第 12 期。

赵媛、杨足膺、郝丽莎等：《中国石油资源流动源——汇系统空间格局特征》，《地理学报》2012 年第 4 期。

郑保利、梁流涛、李明明：《1998—2016 年中国地级以上城市 PM2.5 污染时空格局》，《中国环境科学》2019 年第 5 期。

郑强、冉光和、邓睿等：《中国 FDI 环境效应的再检验》，《中国人口·资源与环境》2017 年第 4 期。

周亮、周成虎、杨帆、王波、孙东琪：《2000—2011 年中国 PM2.5 时空演化特征及驱动因素解析》，《地理学报》2017 年第 1 期。

周天墨、付强、诸云强等：《空间自相关方法及其在环境污染领域的应用分析》，《测绘通报》2013 年第 1 期。

左伟、王桥、王文杰、刘建军、杨一鹏：《区域生态安全评价指标与标准研究》，《地理学与国土研究》2002 年第 1 期。

顾玉娇：《基于 DPSR 的战略环境评价指标体系构建及实证》，硕士学位论文，复旦大学，2010 年。

卢德彬：《中国 PM2.5 的时空变化与土地利用关系的实证研究》，博士学位论文，华东师范大学，2018 年。

罗雅丽：《西安市都市农业结构演变及其优化研究》，博士学位论文，西北大学，2018 年。

马喜立：《大气污染治理对经济影响的 CGE 模型分析》，博士学位论文，对外经济贸易大学，2017 年。

申俊：《PM2.5 污染对公共健康和社会经济的影响研究》，博士学位论文，中国地质大学，2018 年。

国家环境保护部：《中华人民共和国国家环境保护标准（GB3095—
2012）、环境空气质量标准（试行）》，http：//www. mee. gov. cn/gkml/
hbb/bwj/201203/t20120302_ 224147. htm。

亚洲开发银行和清华大学：《中华人民共和国国家环境分析》，https：//
news. qq. com/a/20130115/000007. htm。

中国气象局：《霾的观测和预报等级》（QX/T113 – 2010）2010 年，ht-
tps：//www. waizi. org. cn/bz/74285. html。

中华人民共和国生态环境部：《2013 中国环境状况公报》，http：//www.
mee. gov. cn/xxgk2018/xxgk/xxgk15/201912/t20191231_ 754083. html。

中华人民共和国生态环境部：《2015 中国环境状况公报》，http：//www.
mee. gov. cn/xxgk2018/xxgk/xxgk15/201912/t20191231_ 754087. html。

中华人民共和国生态环境部：《2018 中国生态环境状况公报》，http：//
www. mee. gov. cn/ywdt/tpxw/201905/t20190529_ 704841. shtml。

Allan G. , Lecca P. , Mcgregor P. , et al. , "The Economic and Environmental
Impact of a Carbon Tax for Scotland：A Computable General Equilibrium A-
nalysis", *Ecological Economics*, Vol. 100, No. 100, 2014.

Alvarez H. B. , Sosa Echeverria R. , Alvarez P. S. , et al. , "Air Quality
Standards for Particulate Matter（PM）at High Altitude Cities", *Environmen-
tal Pollution*, Vol. 173, 2013.

Anselin L. , Bera A. K. , Florax R. and Yoon M. J. , "Simple Diagnostic
Tests for Spatial Dependence", *Regional Science and Urban Economics*, Vol.
26, No. 1, 1996.

Anselin L. , "Spatial Effects in Econometric Practice in Environmental and Re-
source Economics", *American Journal of Agricultural Economics*, Vol. 83,
No. 3, 2001.

Ansuategi A. , "Economic Growth and Transboundary Pollution in Europe：An
Empirical Analysis", *Environmental & Resource Economics*, Vol. 26, No. 2,
2003.

Antweiler W. , Copeland B. R. and Taylor M. S. , "Is Free Trade Good for
the Environment?", *American Economic Review*, Vol. 91, No. 4, 2001.

Arrow K. , Bolin B. , Costanza R. , et al. , "Economic Growth, Carrying Capacity, and the Environment", *Science*, Vol. 268, No. 5210, 2013.

Arthur Cecil Pigol, *The Economics of Welfare*, London: Macmillan, 1920.

Auci S. and Trovato G. , "The Environmental Kuznets Curve within European Countries and Sectors: Greenhouse Emission, Production Function and Technology", *Economia Politica*, No. 2, 2018.

Alan J. Auerbach and Yuriy Gorodnichenko, "Measuring the Output Responses to Fiscal Policy", *American Economic Journal: Economic Policy*, Vol. 4, No. 2, 2012.

Bachi R. , "Standard Distance Measures and Related Methods for Spatial Analysis", *Papers of the Regional Science Association*, No. 10, 1962.

Basile R. , Durbán M. , Mínguez M. , et al. , "Modeling Regional Economic Dynamics: Spatial Dependence, Spatial Heterogeneity and Nonlinearities", *Journal of Economic Dynamics and Control*, No. 48, 2014.

Baumol W. J. and Wallace O. E. , eds. , *The Theory of Environmental Policy*, London: Cambridge University Press, 1988.

Bovenberg A. L. and Smulders S. , "Environmental Quality and Pollution-augmenting Technological Change in a Two-sector Endogenous Growth Model", *Journal of Public Economics*, Vol. 57, No. 3, 1993.

Burridge P. , "On the Cliff-Ord Test for Spatial Autocorrelation", *Journal of the Royal Statistical Society B*, No. 42, 1980.

Burt J. E. and Barber G. M. , eds. . *Elementary Statistics for Geographers* (*2ndEd.*), New York and London: Guilford, 1996.

Caner M. and Hansen B. E. , "Instrumental Variable Estimation of a Threshold Model", *Econometric Theory*, Vol. 20, No. 5, 2004.

Chen Y. , Ebenstein A. , Greenstone M. , et al. , "Evidence on the Impact of Sustained Exposure to Air Pollution on Life Expectancy from China's Huai River policy", *Proceedings of the National Academy of Sciences*, Vol. 110, No. 32, 2013.

Chernozhukov V. , Hong H. , "An MCMC Approach to Classical Estimation",

Journal of Econometrics, Vol. 115, No. 2, 2003.

Chichilnisky G., "North-South Trade and the Global Environment", *American Economic Review*, Vol. 84, No. 4, 1994.

De Sherbinin A., Levy M. A., Zell E., et al., "Using Satellite Data to Develop Environmental Indicators", *Environmental Research Letters*, Vol. 9, No. 8, 2014.

Dick van Dijk, Timo Tersvirta and Philip Hans Franses, "Smooth Transition Autoregressive Models—A Survey of Recent Developments", *Econometric Reviews*, Vol. 21, No. 1, 2002.

Dinda S., "A Theoretical Basis for the Environmental Kuznets Curve", *Ecological Economics*, Vol. 53, No. 3, 2005.

Dinda S., "Environmental Kuznets Curve Hypothesis: A Survey", *Ecological Economics*, Vol. 49, No. 4, 2004.

Elhorst J. P., "Dynamic Models in Space and Time", *Geographical Analysis*, Vol. 33, No. 2, 2001.

Elhorst J. P., "Specification and Estimation of Spatial Panel Data Models", *International regional science review*, Vol. 26, No. 3, 2003.

Esty D. C. and Dua A., "Sustaining the Asia Pacific Miracle: Environmental Protection and Economic Integration", *Asia Pacific Journal of Environmental Law*, Vol. 3, No. 1, 1997.

Gang L., Jingying F., Dong J., et al., "Spatio-Temporal Variation of PM2. 5 Concentrations and, Their Relationship with Geographic and Socioeconomic, Factors in China", *International Journal of Environmental Research and Public Health*, Vol. 11, No. 1, 2013.

Geary R. C., "The Contiguity Ratio and Statistical Mapping", *The Incorporated Statistician*, No. 5, 1954.

Gong J., "Clarifying the Standard Deviational Ellipse", *Geographical Analysis*, No. 34, 2002.

González A., Tersvirta T. and Dijk D. V., "Panel Smooth Transition Regression Models", *Research Paper*, 2005.

Granger, CW J., Terasvirta T., "Modelling Nonlinear Economic Relationships", *Oxford University Econometric*, No. 25, 1993.

Greene W. and McKenzie C., "An LM Test Based on Generalized Residuals for Random Effects in a Nonlinear Model", *Economics Letters*, No. 127, 2015.

Grossman G. M. and Krueger A. B., "Economic Growth and the Environment", *Quarterly Journal of Economics*, Vol. 110, No. 2, 1994.

Grossman G. M. and Krueger A. B., eds., *Economic Growth and the Environmen*, Berlin: Springer Netherlands, 1995.

Grossman G. M. and Krueger A. B., "Environmental Impacts of a North American Free Trade Agreement", N. Y.: National Bureau of Economic Research, 1991.

Hamlin C. and Clapp B. W., "An Environmental History of Britain: Since the Industrial Revolution", *Albion A Quarterly Journal Concerned with British Studies*, Vol. 27, No. 4, 1996.

Hansen B. E., "Threshold Effects in Non-dynamic Panels: Estimation, Testing, and Inference", *Journal of Econometrics*, Vol. 93, No. 2, 1999.

Heck T. and Hirschberg S., "China: Economic Impacts of Air Pollution in the Country", *Encyclopedia of Environmental Health*, 2011.

He C., Pan F. and Yan Y., "Is Economic Transition Harmful to China's Urban Environment? Evidence from Industrial Air Pollution in Chinese Cities", *Urban Studies*, Vol. 49, No. 49, 2012.

Hosseini H. M. and Kaneko S., "Can Environmental Quality Spread Through Institutions?", *Energy Policy*, Vol. 56, No. 2, 2013.

Huanhuan Xiong, Lingyu Lan, Longwu Liang, et al., "Spatiotemporal Differences and Dynamic Evolution of PM2. 5 Pollution in China", *Sustainability*, No. 12, 2020.

Hu M., Lin J., Wang J., et al., "Spatial and Temporal Characteristics of Particulate Matter in Beijing, China Using the Empirical Mode Decomposition method", *Science of the Total Environment*, Vol. 458 –460C, No. 3, 2013.

Jessie P. H. , Poon, Irene Casas and Canfei He, "The Impact of Energy, Transport, and Trade on Air Pollution in China", *Eurasian Geography & Economics*, Vol. 47, No. 5, 2006.

Jie H. E. , "Estimating the Economic Cost of China's New Desulfur Policy During her Gradual Accession to WTO: The Case of Industrial SO_2, Emission", *China Economic Review*, Vol. 16, No. 4, 2005.

John A. and Catherine Y. , "The Effects of Environmental Regulations on Foreign Direct Investment", *Journal of Environmental Economics and Management*, Vol. 40, No. 1, 2000.

Johnston D. , Lowe R and Bell M. , "An Exploration of the Technical Feasibility of Achieving Carbon Emission Reductions in Excess of 60% within the UK Housing Stock by the Year 2050", *Energy Policy*, Vol. 33, No. 13, 2005.

Karki S. K. , Mann M. D. and Salehfar H. , "Energy and Environment in the ASEAN: Challenges and Opportunities", *Energy Policy*, Vol. 33, No. 4, 2005.

Kee H. L. , Ma H. and Mani M. , "The Effects of Domestic Climate Change Measures on International Competitiveness", *The World Economy*, Vol. 33, No. 6, 2010.

Keith Crane and Zhimin Mao. "Costs of Selected Policies to Address Air Pollution in China", *RAND Corporation*, 2015.

King K. L. , Johnson S. , Kheirbek I. , et al. , "Differences in Magnitude and Spatial Distribution of Urban Forest Pollution Deposition Rates, Air Pollution Emissions, and Ambient Neighborhood Air Quality in New York City", *Landscape and Urban Planning*, No. 128, 2014.

Kraft and Michael E. , "U. S. Environmental Policy and Politics: From the 1960s to the 1990s", *Journal of Policy History*, Vol. 12, No. 1, 2000.

Kummer D. M. and Panayotou T. , "Green Markets: The Economics of Sustainable Development", *The Journal of Asian Studies*, Vol. 52, No. 3, 1993.

Lambert D. M. , Xu Wand Florax R. J. , "Partial Adjustment Analysis of Income and Jobs, and Growth Regimes in the Appalachian Region with Smooth

Transition Spatial Process Models", *International Regional Science Review*, Vol. 37, No. 3, 2014.

Lauren M. S. and Mark V. J., eds., *Spatial statistics in Arc GIS* [C] // M *M Fischer and A Getis* (eds.). *Handbook of Applied Spatial Analysis*: *Software Tools*, *Methods and Applications*, Berlin, Springer, 2010.

Lee L. and Yu J., "Estimation of Spatial Autoregressive Panel Data Models with Fixed Effects", *Journal of Econometrics*, Vol. 154, No. 2, 2010.

Lee L. and Yu J., "Estimation of Spatial Panels", *Foundations and Trends* ⓒ *in Econometrics*, Vol. 4, No. 1 – 2, 2011.

Lee L. and Yu J., "Some Recent Developments in Spatial Panel Data Models", *Regional Science and Urban Economics*, Vol. 40, No. 5, 2010.

Lee S. J., Serre M., Van Donkelaar A., et al., "Comparison of Geostatistical Interpolation and Remote Sensing Techniques for Estimating Long-Term Exposure to Ambient PM2.5 Concentrations across the Continental United States", *Environmental Health Perspectives*, Vol. 120, No. 12, 2012.

LeSage J. and Pace R. K., eds., *Introduction to Spatial Econometrics*, Boca Raton: CRC Press, Taylor & Francis Group, 2009.

Liang F. H., "Does Foreign Direct Investment Harm the Host Country's Environment? Evidence from China", *Ssrn Electronic Journal*, 2008.

Li L., Qian J., Ou C. Q., et al., "Spatial and Temporal Analysis of Air Pollution Index and Its Timescale-dependent Relationship with Meteorological Factors in Guangzhou, China, 2001 – 2011", Environmental Pollution, No. 190, 2014.

Lindmark M., "An EKC-Pattern in Historical Perspective: Carbon Dioxide Emissions, Technology, Fuel Prices and Growth in Sweden 1870 – 1997", *Ecological Economics*, Vol. 42, No. 1, 2002.

Luc Anselin, Julie Le Gallo and Hubert Jayet, eds., *Spatial Panel Econometrics*, Berlin: Springer, 2008.

Maddison D., "Modelling Sulphur Emissions in Europe: a Spatial Econometric Approach", *Oxford Economic Papers*, Vol. 59, No. 4, 2007.

Marshall A. , eds. , *Principles of Economics*, London: Macmillan, 1890.

Panayotou T. , "Empirical Tests and Policy Analysis of Environmental Degrada-
tion at Different Stages of Economic Development", *International Labour Or-
ganization*, 1993.

Pede V. O. , Florax R. J. and Lambert D. M. , "Spatial Econometric STAR
Models: Lagrange Multiplier Tests, Monte Carlo Simulations and an Empiri-
cal Application", *Regional Science and Urban Economics*, No. 49. 2014.

Pede V. O. , *Spatial Dimensions of Economic Growth: Technological Leadership
and Club Convergence*, West Lafayette: Purdue University, 2010.

Poon P. H. , Casaa I. and He C. , "The Impact of Energy, Transport, and
Trade on Air Pollution in China", *Eurasian Geography and Economics*,
No. 47, 2006.

Pope C. A. , Brook R. D. , Burnett R. T. , et al. , "How is Cardiovascular
Disease Mortality Risk Affected by Duration and Intensity of Fine Particulate
Matter Exposure? An Integration of the Epidemiologic Evidence", *Air Quali-
ty Atmosphere & Health*, Vol. 4, No. 1, 2011.

Pope C. A. , Burnett R. T. , Thun M. J. , et. al. , "Lung Cancer, Cardiopul-
monary Mortality, and Long-term Exposure to Fine Particulate Air Pollu-
tion", *JAMA*, Vol. 287, No. 9, 2002.

Ramanathan V. and Feng Y. , "Air Pollution, Greenhouse Gases and Climate
Change: Global and Regional Perspectives", *Atmospheric Environment*,
Vol. 43, No. 1, 2009.

Santibañez D. A. , Ibarra S. and Matus P. , "A Five-year Study of Particulate
Matter (PM2. 5) and Cerebrovascular Diseases", Environmental Pollution,
No. 8, 2008.

Selden T. M. and Song D. , "Environmental Quality and Development: Is
There a Kuznets Curve for Air Pollution Emissions?", *Journal of Environmen-
tal Economics & Management*, Vol. 27, No. 2, 1994.

Shimada K. , Tanaka Y. , Gomi K. and Matsuoka Y. , "Developing a Long-term
Local Society Design Methodology Towards a Low-carbon Economy: An Appli

Cation to Shiga Prefecture in Japan", *Energy Policy*, Vol. 35, No. 9, 2007.

Shuai Shao, Lili Yang and Mingbo Yu, "Estimation, Characteristics, and Determinants of Energy-related Industrial CO_2 Emissions in Shanghai (China), 1994 – 2009", *Energy Policy*, Vol. 39, No. 10, 2013.

Stern D. I. , "The Rise and Fall of the Environmental Kuznets Curve", *World Development*, Vol. 32, No. 8, 2004.

Sven Schreiber, "The Hausman Test Statistic Can be Negative even Asymptotically", *Journal of Economics and Statistics*, Vol. 228, No. 4, 2008.

Tamazian A. and Rao B. B. , "Do Economic, Financial and Institutional Developments Matter for Environmental Degradation? Evidence from Transitional Economies", *Energy Economics*, Vol. 32, No. 1, 2010.

Tecer L . H. , Alagha O. and Karaca F. , "Particulate Matter (PM2. 5, $PM_{10-2.5}$, and PM_{10}) and Children's Hospital Admissions for Asthma and Respiratory Diseases: A Bidirectional Case-crossover Study", *Journal of Toxicology and Environmental Health (Part A)*, Vol. 71, No. 8, 2008.

Tobias Böhmelt, Vaziri F. and Ward H. , "Does Green Taxation Drive Countries Towards the Carbon Efficiency Frontier?", *Journal of Public Policy*, 2017.

Tobler W. A. , "A Computer Movie Simulating urban Growth in the Detroit region", *Economic Geography*, No. 46, 1970.

Treffers D. J. , Faaij A. P. C. , Spakman J. and Seebregts A. , "Exploring the Possibilities for Setting up Sustainable Energy Systems for the Long Term: Two Visions for the Dutch Energy System in 2050", *Energy Policy*, Vol. 33, No. 13, 2005.

Van Donkelaar A. , Martin R. V. , Brauer M. , et al. , "Use of Satellite Observations for Long-Term Exposure Assessment of Global Concentrations of Fine Particulate Matter", *Environmental Health Perspectives*, No. 123, 2015.

Walter I. and Ugelow J. L. , "Environmental Policies in Developing Countries", *Ambio*, Vol. 8, No. 2/3, 1979.

Wang X. , Wang K. and Su L. , "Contribution of Atmospheric Diffusion Conditions to the Recent Improvement in Air Quality in China", *Scientific Reports*, *No.* 6, 2016.

Wang Z. B. and Fang C. L., "Spatial-temporal Characteristics and Determinants of PM2. 5 in the Bohai Rim Urban Agglomeration", *Chemosphere*, No. 148, 2016.

WCED, eds., *Our Common Future*, *Oxford*: Oxford University Press, 1987.

Wong D. W. S., "Several Fundamentals in Implementing Spatial Statistics in GIS: Using Centrographic Measures as Examples", *Geographic Information Sciences*, No. 2, 1999.

Wu J. S., Li J. C., Peng J., et al., "Applying Land use Regression Model to Estimate Spatial Variation of PM2. 5 in Beijing, China", *Environmental Science and Pollution Research International*, Vol. 22, No. 9,

Wu X., Chen Y., Guo J., et al., "Inputs Optimization to Reduce the Undesirable Outputs by Environmental Hazards: a DEA Model with Data of PM2. 5 in China", *Natural Hazards*, Vol. 90, No. 1, 2018.

Xiong Huanhuan, Lingyu Lan, Longwu Liang, et al., "Spatiotemporal Differences and Dynamic Evolution of PM2. 5 Pollution in China", *Sustainability*, No. 12, 2020.

Xiong Huanhuan and Zhao Zicong, "The Correlation between Haze and Economic Growth: A Bibliometric Analysis based on WoS Database", *Applied Ecology & Environmental Research*, Vol. 18, No. 1, 2020.

Xu Y. and Masui T., "Local Air Pollutant Emission Reduction and Ancillary Carbon Benefits of SO Control Policies: Application of AIM/CGE Model to China", *European Journal of Operational Research*, Vol. 198, No. 1, 2009.

Yifan Li, Yujie Wang, Bin Wang, et al., "The Response of Plant Photosynthesis and Stomatal Conductance to Fine Particulate Matter (PM2. 5) Based on Leaf Factors Analyzing", *Journal of Plant Biology*, Vol. 62, No. 2, 2019.

Yu J., Jong R. Dand Lee L. F., "Estimation for Spatial Dynamic Panel Data with Fixed Effects: The Case of Spatial Cointegration", *Journal of Economet-*

rics, Vol. 167, No. 1, 2012.

Zhang Z. , Zhang X. , Gong D. , et al. , "Evolution of Surface O₃ and PM2. 5 Concentrations and Their Relationships with Meteorological Conditions over the Last Decade in Beijing", *Atmospheric Environment*, No. 108, 2015.

后　记

　　时光荏苒，如白驹过隙。回首读博生涯，不禁感慨万千！曾有对专业知识的困惑，对科研问题的迷茫，对自己研究能力的不自信，也有一个个通宵达旦的努力与坚持，一次次解决技术问题后的兴奋与喜悦，更多的还是无尽的感激，感谢许许多多的良师益友对我的无私帮助与关怀。

　　感谢我的导师——刘耀彬教授。您广博深厚的知识底蕴、高瞻远瞩的学术眼光、认真严谨的治学态度、孜孜不倦的钻研精神始终激励着我在学习和工作的道路上不断努力。您常常跟我说，"做科研要耐得住寂寞"，并身体力行地教导我要脚踏实地、坚持不懈。由于我是跨专业在职读博，常常有许多困惑之处，您总是以自己为例，教导我"成功的秘诀在于勤奋"。在我博一的迷茫时期，您积极鼓励我申报国家社科课题，并耐心指导我修改，至今我仍忘不了获得立项通知时与您一起分享的激动与喜悦之情。在我写作科研和毕业论文遇到困难时，您的指导如拨云见日，使我的思绪豁然开朗。博士期间，我还跟着您深入企业调研，学写领导批示，主持学术 Seminar，建设国际慕课……我不仅收获了为学之道，还有许多为人之道，以及您和师母陈进文老师对我无尽的生活关怀。忘不了在我新婚典礼上，您作为证婚人对我的殷切祝福与期望；忘不了在我刚生完孩子时，您和师母第一时间对我的探望与关心；忘不了在我每每遇到困难挫折时，您们语重心长地为我指点迷津，使我坚韧成长……师恩深似海，能遇到您们这么好的人生导师，我何其有幸！唯有在今后的工作中，更加努力，不辜负恩师的教诲和期望。

　　在论文的写作过程中，特别感谢况明老师对我方法上的指导和无私的帮助！还要感谢邵汉华老师、姜磊老师在理论框架方面给予我的宝贵建议。每当我困于"山重水复"之时，你们的悉心指导总能令我重见"柳暗花明"。感谢彭迪云老师和彭继增老师在论文开题时提出的宝贵建议。感谢柏玲老师、温湖炜老师、谢德金老师以及同门师弟妹袁华锡、戴璐、邱浩在数据处理与分析方面给予的支持与帮助！

感谢管理学院的贾仁安老师、郑克强老师、周绍森老师、徐兵老师、邓群钊老师、涂国平老师、黄新建老师、喻登科老师、何宜庆老师、胡振鹏老师、甘筱青老师、陈东有老师、尹继东老师、马卫老师、傅春老师等在博士期间对我的教导和预答辩时提出的宝贵建议。衷心祝愿各位老师身体健康！工作顺利！

感谢管科班的同学金恩焘、艾育红、严红、石俊、万科、龚敏、陈璐、段祥宇，很开心认识你们，幸运博士研究生求学路上有你们同行！

由衷地感谢我的父母！感谢你们多年来对我的养育之恩和无条件地支持。在本该颐养天年的年龄，不辞辛苦从老家来南昌帮我带孩子。"养儿才知父母恩"，在自己成为母亲以后，才深知一个孩子从出生到长大，谈何容易！希望时光你慢慢走，未来的日子里我能好好陪伴父母，孝敬父母。感谢我的公公和婆婆，任劳任怨地帮我带好孩子，使我能安心地投入到学习与工作中。尤其是婆婆，不仅通情达理，还无微不至地关心和照顾我。我生产的那晚，您一直在产房陪伴我到天明，为我鼓劲、加油，我永生难忘，心怀感激！感谢爱人对我的理解与支持，虽然这个寒假我们一起熬夜写博士毕业论文的过程非常痛苦，但是这种并肩作战的感觉却苦中有甜，想必多年以后依然值得回味吧！

特别感谢我可爱的女儿圆圆！感谢你让我体会到做母亲的勇敢与伟大。惭愧的是，在这两年半里，对你的付出太少太少。记不清有多少个晚上躲着你偷偷去学校写论文，有次离开后在暗中观察，看到你因为找不到妈妈而放声大哭，我的心就如刀割般痛苦。去年夏天，你生病了，阿公阿婆照顾你，我在学校写论文。因为不放心你，所以跟你视频通话。看到你在视频中冲我笑的样子，我真是高兴。可没一会儿，你就张开小手让我抱抱，但是屏幕这一端的我怎么抱得到屏幕另一端的你呢？你着急地哭了，而我也伤心地哭了。自此，你成了我毕业的最大动力。圆圆，